資金0（ゼロ）でできる個人出版！ あなたも作家になれる！

KDPではじめるセルフ・パブリッシング

Kindle Direct Publishing

Tadanori Kurashita
倉下忠憲

C&R研究所

はじめに
——出版への扉を叩く(Knockin' on Publishing Door)——

「あなたはどんな本を作りますか?」

こんな質問が当たり前になる時代がやってくるかもしれません。

「えっ、本なんて作ったことないし、そもそも作るような資格もないよ」と否定するのは徐々に難しくなってきました。

現代では「本」はとても簡単に作れます。少々の知識とやる気さえあれば、誰でもが「作家」や「ライター」や、時には「出版者」にすらなれる環境が整っています。経験ゼロの素人でも、充分な手間をかければ、「本」を作るのは難しくありません。そして、それを行うための資格はまったく不要です。

誰でもが、自分の内側に眠る知識・情報・ノウハウ・想像力を「本」の形に変え、他の人に提供することによって対価を得られる時代がやってきているのです。

皆さんが思っているよりも、出版の世界との距離は遠くありません。後は、その扉を叩いて世界に飛び出すかどうかの選択です。

もともと、有用な知識は対価を生みます。これまで出版されてきた紙の本も、著名人の知識やノウハウを詰め込んだものが多いでしょう。弁護士であれば、相談に乗るだけで対価を発生させられるのです。

皆さんも何かしらの職業に就いていれば、そうした知識やノウハウをお持ちのことでしょう。あるいは、空想の世界を描き、読む人を魅了するストーリーを紡ぐことができるかもしれません。もちろん、家事のノウハウ、料理や部屋の整理術といったものも充分に有用な知識です。

あるいは、実用性すら必要ないのかもしれません。マニアックな知識を、マニアックな人に向けて披露する。そういうコンテンツですら「本」として存在する余地が、個人出版の世界にはあります。

もし、あなたが少しでも本を書きたいと考えているのならば、あるいは働いて給料をもらうのとは違った収入を得たいと考えているのならば、ぜひともこの「本」作りに触れてみてください。

文章を書くのが得意ではない。まとめるのが難しい。そもそも、どうやって電子書籍で「本」を作ればいいのかわからない。そういう方もいらっしゃるでしょう。本書は、そういった方のための本です。

本を書くことで人生が変わる。そんな素敵なことが起こり得るのかどうか、私にはわかりません。しかし、人生に楽しみを増やしてくれるであろうことは、私の経験から受け合います。本を書くことは、それ特有の楽しさがあるのです。また、個人が知識をお金に換える手段を持つことは、新しい変化を生み出すきっかけにもなり得るでしょう。

本書がそのお役に立てるのならば、著者としては望外の喜びです。

2013年11月

倉下忠憲

Contents

第1章

KDPが引き起こす知的革命

第2章 ゼロから始める電子書籍作り

第3章 セルフ・パブリッシングにおける企画の考え方

第4章 コンテンツの制作過程とそのコツ

第5章 本の価値を広げるマーケティング戦略

コラム

Contents

第1章

KDPが引き起こす知的革命

誰でも「出版」できる時代の到来

「もし、個人が気軽に出版できたら、世界にはどんなインパクトが生じるだろうか？」

こんな問いかけは、一昔前ではまったく無意味でした。前提となる「個人が気軽に出版する」なんて、夢のまた夢だったのです。

しかし、世界は変わりました。現在において、この問いは真剣に検討されるべきものとなっています。その変化を生み出したのが「セルフ・パブリッシング」です。

個人の手で電子書籍を作り、それを販売する。2013年の初頭から日本でも盛り上がりを見せ始めた「セルフ・パブリッシング」は、個人を取り巻く情報環境に根本的ともいえる変化を引き起こそうとしています。

自費出版が抱える致命的な弱点

もちろん、電子書籍登場以前でも個人の出版は可能でした。自費出版と呼ばれていたものです。しかし、自費出版は、ごく控えめにいっても趣味の領域を抜け出るものではありませんでした。致命的な2つの弱点を抱えていたためです。

1つは、金銭的なハードルが高すぎること。時に100万円単位のお金が必要になる自費出版は、どう考えても経済的に余裕がある人でないとチャレンジできません。もちろん、売れ残ったらその分はそっくりそのまま負債になります。これでは

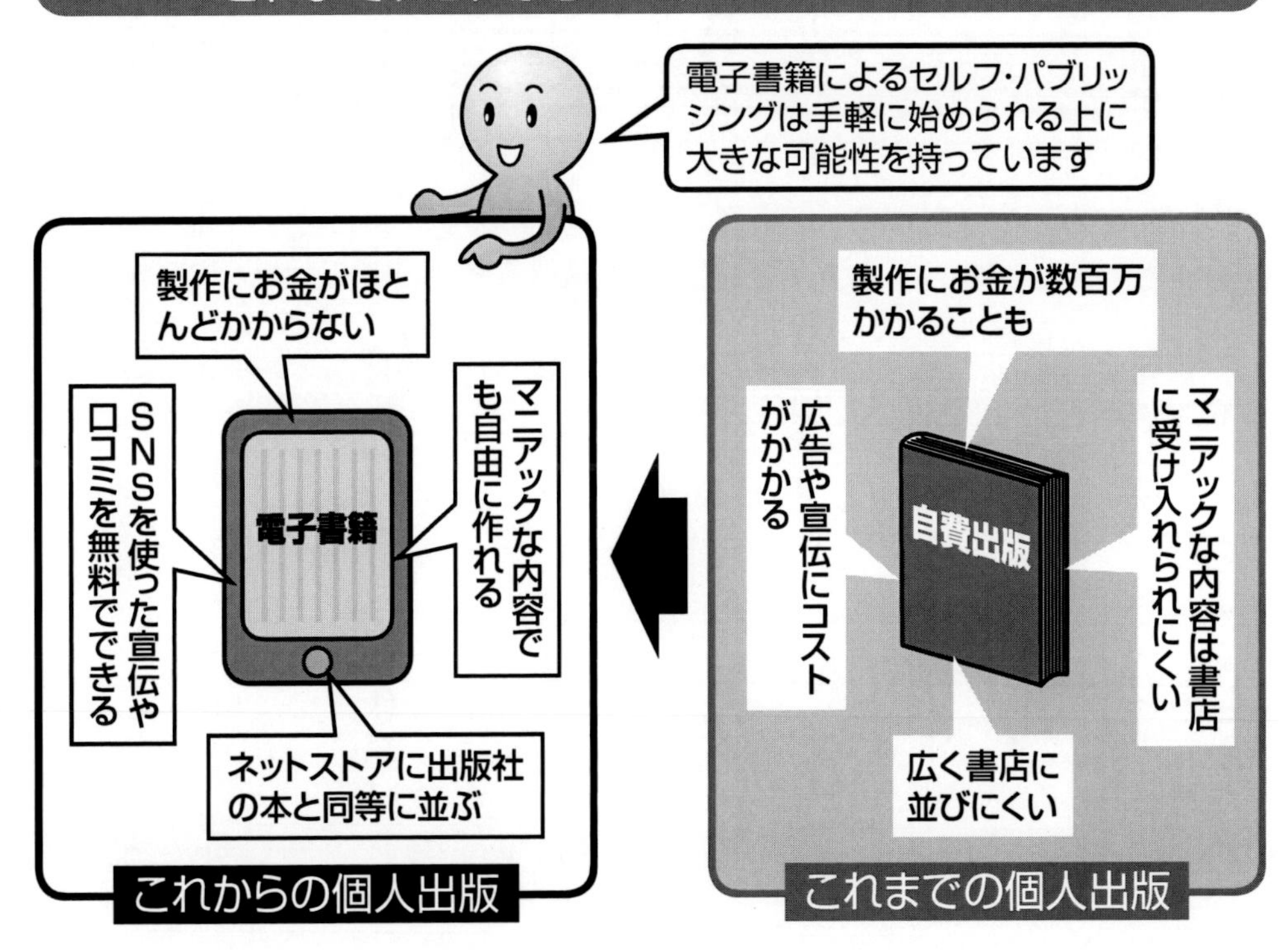

「気軽」に出版することなどできません。

もう1つは、仮に自費出版で本を作っても、うまく流通させられないこと。日本の書籍は、日販・トーハンなどの卸が中心になって回っています。そのルートに乗らないと、全国レベルで本を流通させることはできません。

そもそも、日本全国の書店に本を並べようと思えば、最低でも1000部以上の本を印刷しなければならないでしょう。金銭的リスクは高くなる一方です。よって、お金持ちの趣味か、あるいはどうしても本を作りたい人が、こじんまりと近くの書店に置いてもらう、といった形になっていました。

そうした自費出版は、「出版」という行為が持つインパクトをはぎ取ったものでしかありません。自費出版は商業出版と同じ「出版」という言葉を使っているものの、実質的にはまったく別物なのです。

「本」と「出版」が変化する時代へ

これまで「本」といえば、商業出版で作られていたものを指していました。

「商業出版」が出版のメインストームであり、自費出版が個人の趣味でしかなかった環境が長く続いてきた昨今では、「本」は高尚なもの、特別なものに位置付けられています。著名人やビジネスの成功者、名高い学者など、限られた人だけが関われるもの。そんな認識です。

しかし、それは正しい認識なのでしょうか。もしかしたら、私たちの認識は「本」の歴史のごく一部を切り取っているだけかもしれません。

今、新しい技術の普及とともに、「本」と「出版」に対する認識を改めるべきときがやってきています。

個人が出版するセルフ・パブリッシングは、これからの社会において、決して小さくないインパクトを与える可能性を秘めています。それは「本」や「出版」についての認識を改めるという形で表出してくるでしょう。

それは第四の知的革命とすら呼び得るものになるかもしれません。

3つの知的革命

これまでの歴史の中で、知的革命と呼び得るものが3つありました。

1つ目は、「言葉と文字の登場」。これにより、私たちはその他の生物とはまったく違った繁栄が可能になりました。個人に閉じ込められていた意志・感情・技術などが、大勢の他者に広がるようになったのです。それまでの生物はDNAによる伝達しか持ち得ませんでした。それは広がるのにも、改善されるにも大変時間がかかるものです。生物が進化する速度と我々の科学技術の進化の速度を比べてみれば、いかに言葉や文字が情報的に扱いやすく、改善しやすいものなのかは明らかでしょう。人類を人類たらしめている1つの要素が、言葉と文字の使用なのです。

2つ目の知的革命は「本」の登場です。これが「言葉と文字」が持つインパクトをさらに拡大させました。特に、16世紀に登場したグーテンベルクによる活版印刷機械の普及は革命の名にふさわしい影響があったといえます。

もちろん、それ以前からでも文字情報を記録した本は存在していました。しかし、手で書き写す写本は複製に手間と時間がかかりすぎます。「本」は多くの人に情報を広める効果はあるものの、その「本」そのものを大量生産できないがゆえに、情報の特性を充分には生かし切れていなかったのです。

活版印刷機の登場は、大量の「本」を作り出せる環境を生み出し、それが出版産業への土台ともなりました。知識をまとめ、多くの人に広める行為が、ビジネスになったのです。当然、ビジネスになれば、多様な人がそこに参加してきます。多様性はイノベーションの苗床です。結果的にさまざまな種類の本が登場し、人々はそれを手にするようになりました。ビッグバンならぬブックバンが起きたわけです。

それまで「本」といえば、聖書などの限られたものだけでした。当然、必要とする人も限られています。さまざまな種類の本の登場は、私たちの日常に「本」を入り込ませます。つまり、読書が大衆化したわけです。

3つ目の知的革命は「インターネットの登場と普及」です。21世紀になって急激に加速したインターネットのインフラ化は、爆発的な情報洪水を生み出しました。そこでは量的な拡大だけではなく、質的な変化も起きました。個人が情報発信を行えるようになったのです。今では、日本中を話し相手にできます。

これはグーテンベルクが引き起こした変化の流れを、もう一段階加速させたとも捉えられるでしょう。「情報を多くの人に伝える」という側面では、その認識は間違っていません。しかし、それだけではない側面もあります。「本」とネットメディアは、向いている方向が若干異なるのです。これについては後でまた触れましょう。

ともあれ、「本」が私たちの生活に情報をもたらし、「ネット」がそれを拡大した。こうした流れがこれまでの歴史です。

そして、多様な人が「本」を作り、それをネットで売る。それがこの後に続く第四の知的革命です。

現代を取り巻く情報環境

なぜ、セルフ・パブリッシングが知的革命と呼び得るものになるのか。それについて考えてみる前に、現代を取り巻く情報環境について考えてみましょう。特に、直近の知的革命である、インターネットが私たちの生活にもたらしたものについて、思いを巡らせてみるのは無駄ではないはずです。

まずは、現代を取り巻く3つの変化に注目してみましょう。

1つは、出版業界の行き詰まり。もう1つは、産業構造の変化。そして、それに伴う企業と個人の関係性の変化が最後の1つです。

まずは、「本」を取り巻く環境の変化から眺めてみましょう。

本が売れない時代

かつて「本」には力がありました。

本は知識を伝達し、思想を響かせ、技術を受け渡します。単一の個体だけが所持し得た知識や経験を物質に定着させ、広範囲への伝播を可能にします。それは空間的に広範囲でもありながら、時間的にも広がりを持っています。現代に至るまでの文明発展において、「本」がどれだけの貢献をしたのかは推し量ることすらできません。

その「本」の力は、たとえば焚書という行為からもうかがえます。権力を持つ人間が「本」の力を認めていた証左でしょう。本が文化を作り、支え、広めていったのです。デカルトは「知は力」といいました。であれば、「本は力場」とすらいえるかもしれません。

そうした本が、グーテンベルクの活版印刷機と、それに触発された「出版」産業によって一気に広がりを見せました。出版が産業として成立することで、多様な本が生まれ出てきたのです。本は、知識を学ぶためだけのものではなく、娯楽の手段としても普及し、私たちの生活に浸透していきました。

それが現代ではどうでしょうか。

現代の日本では出版不況が叫ばれています。データを見ても、確かに出版産業全体の売り上げ規模は10年前と比べれば下がっています。本が売れにくい時代なのです。しかし、人が情報を求めなくなったわけではありません。それを求める場がネットに移行しただけです。時間つぶしの娯楽情報ならば、ネットでいくらでも見つけることができます。しかも、それらは無料です。この変化は、娯楽情報を提供してきた雑誌に壊滅的な打撃を与えています。

しかしながら、これまで「本」が提供してきた知識や情報が、この社会で役立たずになっているわけではないでしょう。むしろ、知識や情報は、高度情報化社会では前提になる重要なものです。

ただし、ネットメディアは、体系的な知識を得るのにはあまり向いていません。その多くがフラグメント化しているからです。また、フリー文化のネット世界においては、質の高いコンテンツよりは、アクセス数を集めるコンテンツの方が生み出されやすい傾向があります。その方が、広告料を稼げるからです。「本」は、コンテンツの中身を販売していたので、その質は一定レベルで保証されていましたが、ネットの中のコンテンツにそれを求めることはできません。

だからといって、出版業界の先行きが明るいと断じることも難しいものがあります。

今後、電子書籍が普及すれば、これまでの商業環境は大きく変化するでしょう。その変化の荒波に耐えきれない多数の出版社が出てくるはずです。

また、本が売れにくくなっている時代のせいなのか、数多くの「物まね本」を見かけるようにもなりました。ヒット作の後追いでしかない本です。そうした新刊が大量に陳列される棚は、明らかに書店の魅力を減じていますし、ひいては「本」文化にも小さくないダメージを与えています。

読者が読みたいと思う本を出版し続けなければ、業界が先細りしていくのは当然ともいえる帰結です。ユーザーのニーズに対応できなければ、売り上げが下がるのはどの業界でも同じでしょう。

「本が売れない→チャレンジができない→面白い本が出てこない→本が売れない」そんな悪循環が生まれているのかもしれません。

何にせよ、出版された「本」が持つ力は、それが多くの人に読まれるところにあります。「本」が売れなくなり、読まれなくなれば、「本」が持つ力はやがて減衰していくでしょう。

産業構造の変化

現代では、産業が工業主体から情報主体へと移行しつつあります。物作りは決してなくならないでしょうが、それだけで価値を生み出せるものでもなくなっていきます。アイデア・企画・イノベーション・デザインとさまざまな言葉で表現されますが、付加価値を生み出せるものこそが情報です。

今では多くの人が、ドラッカーが提唱した知識労働者になりつつあります。知識労働者にとって、知識はありがたがるものではなく、仕事で使う道具です。「経営者と知識労働者にとっての唯一のツールは情報である」とドラッカーが述べた言葉がすべてを語っているかもしれません。

知識労働者であり続ける限り、知識や情報を学ぶ手が止まることはありません。特別な情報があればそれだけで優位に立ち続けれる、といったことがないからです。情報に目配せし、新しい時代の知識に触れる。そして、そこから新しいものごとを生み出す力が、働く人には求められています。

また、産業の情報化に伴って、企業の寿命が短くなっている点も見逃せません。日本でも終身雇用は、もはや幻想として扱われつつあります。会社が人生の最後まで面倒を見てくれるなんて期待は持てません。

個人が、自らの人生に責任を追わなければいけない時代です。国家も企業も頼りにならない環境では、その責任から逃れることはできません。

今後は、どこでも働けるような専門的知識や技能を所有し、それを磨き続けていくことが不可欠になっていくでしょう。さらに、企業に就職して労働の対価としてお金をもらう、という形以外の収入を作り出せれば、生き方の選択肢が広がります。

これからの社会では、生き残るための武器が必要なのです。

現代の社会では、こうした変化が起きています。そして、これらの変化が合流する地点に、セルフ・パブリッシングは位置しています。

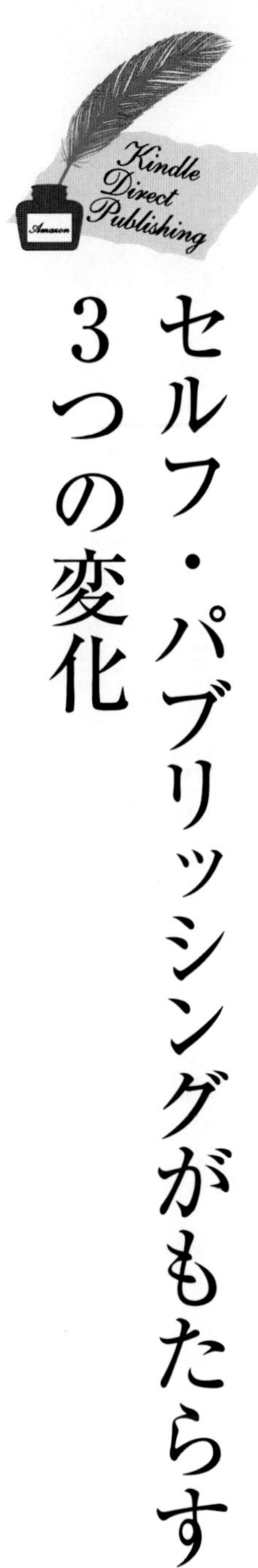

セルフ・パブリッシングがもたらす3つの変化

セルフ・パブリッシングは、一体何をもたらすでしょうか。大きく3つ考えられます。1つは新種の「本」の登場。もう1つは、新しい書き手の誕生。最後の1つが個人の課金手段の獲得です。

それぞれ見ていきましょう。

新しいタイプの「本」が生まれる

世の中には面白いコンテンツが山のようにあります。著名人だけではなく、多くの人が何かしらのコンテンツを持っています。それは、専門的知識かもしれませんし、職業的ノウハウかもしれませんし、クイズかもしれませんし、マニアックな情報かもしれません。あるいは、小説などの物語だってあるでしょう。

しかし、そうしたコンテンツをこれまでの「本」は拾ってきませんでした。採算ラインに乗らないのだから仕方ありません。数千部の販売が見込めるコンテンツ以外は「本」になりにくいのです。それは製造するのにコストがかかる紙の本が持つ宿命といえるでしょう。

しかし、セルフ・パブリッシングでは、そのコストがほとんど必要なくなります。つまり、損益分岐点がぐっと下がるわけです。そこに、多様なコンテンツの素地が生まれてきます。

たとえば、１００部や２００部といったニッチなニーズに合わせたコンテンツだって「本」にできます。単価を合わせるために、本の中身を「水増し」する必要もありません。紙の本にして20ページぐらいのコンテンツも「本」にできます。また、印刷工程を経ないので、スピード感を持ったコンテンツ展開も可能になります。

今までの「本」が、（仕方ないにせよ）捨ててきたニーズにぴったりマッチした本が作られる可能性があるわけです。

これまでの編集会議でボツにされていた「奇想天外」な本が世に出てくることもあるでしょう。荒々しいコンテンツ、前例がなく可能性が読み切れないコンテンツ、そうしたものを押しとどめるようなフィルターはセルフ・パブリッシングには存在しません。自身の裁量で、自由気ままに「本」を作り出すことができます。

大ヒットした小説が、最初はどこの出版社にも取り合ってもらえなかった。そうした話は珍しいものではありません。もし、作者が出版の打診を途中であきらめていたら、その作品が世に出ることはなかったでしょう。フィルターにも功罪があるわけです。

「前例のないこと」を試す場として、低コスト・低リスクのセルフ・パブリッシングはとてもよい実験場です。そこから、「本」のイノベーションが生まれることも充分あり得ます。かつての文芸復興がセルフ・パブリッシングで再来するわけです。

新しい書き手の登場

紙の本に比べれば、少しの手間で作れるセルフ・パブリッシングは、多様な書き手を生み出す土壌にもなり得ます。

今でも、副業作家は存在していますが、それよりも気楽なパートタイム作家も続々と登場してくるでしょう。

知識労働者が、自分の知識をまとめて「本」にする。あるいは、何かを勉強した成果を「本」にまとめる。副業というよりは、ちょっとしたお小遣い稼ぎような感覚で「本」作りに臨むことができます。スタート時の出費がほぼゼロであるからこそできる行為です。

もちろん、セルフ・パブリッシングを専業とする書き手も登場するでしょう。

一見、高価な紙の本の方が儲かりそうな気がしますが、価格に対する書き手の取り分が違うので、一概に「紙の本が良い」とは言い切れません。紙の本の印税はおおよそ8%~10%であるのに対して、セルフ・パブリッシングでは35%~70%の取り分になります。

また、印税は実売部数ではなく、印刷部数に準じてお金が発生するのですが、最近では初版の印刷部数も低下傾向にあり、両者の違いは小さくなっているといえるでしょう。さらに、セルフ・パブリッシングで実績を作り、紙の本への企画を持ち込むという流れも増えていくはずです。

あるいは、紙の本の書き手が、自分の幅を広げるためにセルフ・パブリッシングを活用することも考えられます。

ともかく、「本を書く人」の可能性が広がることは間違いありません。

さらにいえば、セルフ・パブリッシングは自分で文章を書く必要すらありません。誰かに文章を書いてもらい、それを編纂して「本」にする。そういう作り方もあり得ます。そうなれば、もはや書き手ではなく「出版者」と呼ぶことができるでしょう。

さまざまな人が書き手になれるだけではなく、「出版者」にもなれる。それもセルフ・パブリッシングがもたらす変化の1つです。

個人が新しい収入源を持つ

さまざまな人が「書き手」や「出版者」になれるということは、個人が課金手段を持てることでもあります。知識や情報をお金に変えられるのです。

これまでは、物品や労働時間を売りに出すことが個人の収入源でした。セルフ・パブリッシングでは自分が持っている知識や情報を売り出すことができます。イメージとしてはフリーマーケットが近いかもしれません。ナレッジフリマです。どっしりお店を構えるのではなく、シートを引いて、情報を陳列する。自分にとっては使い古した情報でも、その分野を知らない人、あるいはこれからその分野に参入する人にとっては、価値のある情報になり得ます。また、情報は物品と違い、1つ売ってもそれで終わりとはなりません。望む人の数だけ販売することができます。

たとえ毎月数万円でも、収入のあるなしは大きな違いを生むでしょう。住む家の選択、新しい趣味への出費、転職など、自分の力で稼げる方法を持っていれば、人生に変化を与えることができます。少なくとも、その可能性を持つことができます。


セルフ・パブリッシングが持つ「ネット・個人・情報発信」と同じキーワードを有するブログも、個人の収入源になり得ます。しかし、その発生源は広告料やアフィリエイトといったものです。直接、情報を販売するのではなく、アクセス数をバックラウンドにした間接的な収入がメインです。ファッション雑誌などの情報雑誌と似た構造といえるでしょう。

ブログも有益な個人メディアですが、「本」作りとは向いている方向が違います。

セルフ・パブリッシングは、あくまでも情報そのものが売りものになります。

もう1つ、似たメディアとして有料メルマガがありますが、無名の個人が数千の読者を集めるのは難しいでしょう。収入源として計算するのは止めておくのが賢明です。

情報発信が個人の「武器」となる

言葉通り、セルフ・パブリッシングは「出版」を個人で行うことです。言い換えれば、個人の武器として出版が使えるようになったわけです。出版の大衆化とすらいえるかもしれません。

自費出版とは違い、低コストなので誰にでも参加が可能です。また、ネットを通じて販売するので、日本中が商売相手になります。小さな書店の片隅にポツンと置かれている、なんてことにはなりません。望むのならば、世界中に自分のコンテンツを流通させることもできます。そして、そこから収入を発生させられます。

自費出版は作家のままごとだったかもしれませんが、セルフ・パブリッシングは副業として、現実的に収入を増やす手段になり得ます。

これからの時代を生き抜くためには、個人も何かしらの武器を持っておいた方がよいでしょう。セルフ・パブリッシングはその武器になり得るのです。

Amazonという魅力的なプラットフォーム

KDPを舞台とする

セルフ・パブリッシングはネットで自作の電子書籍を販売します。では、どこで販売すればよいのでしょうか。いくつか選択肢がありますが、最も注目されているのがAmazonです。むしろ、現在では日本のセルフ・パブリッシングはAmazonの独壇場といえるかもしれません。

Amazonは個人でも出版できるように、Kindleダイレクト・パブリッシング（Kindle Direct Publising。以下、KDP）というサービスを提供しています。それを使えば、簡単に電子書籍を作成し、それをAmazonで販売できます。

本書でもこのKDPをセルフ・パブリッシングの舞台として捉えます。理由はとても簡単で、マーケットが一番大きいからです。つまり、利用するユーザーの数が多いのです。何を売るにしてもマーケットの大きさは見逃せないポイントです。1％

います。

のニッチなユーザーを捕まえるのでも、１０００人と10万人ではまったく規模が違

また、被検索性の高さも見逃せません。たとえば、何かの本のタイトルでGoogleを検索してみてください。きっとAmazonのページが検索上位に表示されるでしょう。検索されたのが自分の本でなくても、別の本の関連表示から、その本にたどり着く人もいるかもしれません。ネットの世界では、こうした被検索性の高さもプラットフォームとしての魅力になります。

Kindleストアの魅力

Amazonの中でも、電子書籍を販売する部門は「Kindleストア」と呼ばれています。ＫＤＰのポイントは、個人が作った本でもその他の電子書籍と同じKindleストアに並ぶことです。つまり、大手出版社が作成した本と「同じ棚」に並べられるわけです（あくまで比喩的な表現です。Kindleストアには本棚はありません）。

もし、ＫＤＰが専用の棚に並べられてしまうのであれば、そこに「本」を探しに来

るお客さんの数はずいぶん小さいものになってしまうでしょう。しかし、その心配は必要ありません。出版社が作った本と同じプラットフォームで販売することができます。

さらにいえば、Amazonで「本」を探している人は、情報に対価を支払うつもりがある人です。その点がブログとの大きな違いといえるでしょう。適切なコンテンツをそこで展開できれば、情報そのものから売り上げを作ることは不可能な話ではないのです。

Kindleは電子書籍ストアです。当然ユーザーは、電子書籍をそこで購入します。すると、「電子書籍なんて読まれるのか?」と疑問に思われる方も出てくるでしょう。2010年あたりから、毎年のように「電子書籍元年」という言葉が使われているのは、いつまでたってもそれが到来していないことを明示しています。しかし、2013年から本格的に風向きが変わってきました。それまで慎重だった大手出版が紙の本を次々と電子書籍化したり、雑誌の連載をムック本風にまとめた本を作るなど、積極的な動きが出つつあります。また、すでにKDPで作られた本も大量に生まれています。

これまでの電子書籍市場が抱えていた弱点――コンテンツ不足が解消されつつあるのです。

また、端末の普及も間接的に進んでいます。電子書籍を読むとなると、専用の端末を買わなければいけない気がしますが、必ずしもそうではありません。最近普及しつつある、スマートフォン、あるいはタブレット端末でも電子書籍を読むことができます。特にAmazonは、iPhoneやiPadのiOS用のアプリに加え、Androidにも読書アプリを提供しています。端末をまったく必要としない紙の本とはさすがに比べられませんが、Kindleの電子書籍を読める端末を持っている人の数は想像以上に多いはずです。

試しに買って、読んでみる

Kindleストアでは、実に簡単に「本」を買うことができます。これもプラットフォームの魅力の1つです。1冊買うたびに煩雑な手続きが必要なプラットフォームでは、なかなか売り上げは見込めません。その点、Kindleストアは本当に簡単です。クレジットカードさえ登録してあれば、言葉通りワンクリックで電子書籍を購入できます。

そうして買った本は、Kindle専用の端末か、あるいはアプリが使える端末にダウンロードして読むことが可能です。Kindleの専用端末には「Kindle Paperwhite」「Kindle Fire HD」などがあり、最も安いPaperwhiteは1万円ほどで購入することができます。これぐらいの値段であれば、買う人もそれなりに出てくるでしょう。また先ほど述べたように、スマートフォンや、iPadなどのタブレット端末でも閲覧できます。

もし、一度も電子書籍を読んだことがなければ、試しに何か1冊買って読んでみてください。思っている以上に快適に読書ができるはずです。中には「紙の本はもう読まない。電子化されている本だけにする」と決意する人もいます。

何にせよ、電子書籍を読む人が、どういう体験をするのかを知っておくことは決して損にはなりません。それは、これまで紙の本しか読んだことがない人にとっては、確かな「未来」の体験です。

KDPの概要

KDPとは何か

先ほども紹介しましたが、KDPとは、Kindle Direct Publishing（ダイレクト・パブリッシング）の略です。Amazonが提供している個人向け出版サービスと位置付けておけばよいでしょう。

2012年12月から日本でも始まったこのサービスを使えば、自分が作ったデータを電子書籍の形にし、Kindleストアに並べることができます。

Kindleストアとは、Amazonの電子書籍販売のストアで、すでにたくさんの電子書籍がそこで販売されています。KDPを使えば、個人でもそのプラットフォームに参加できるようになるわけです。しかも無料で。まさにナレッジフリマと呼んでもよいでしょう。

Amazonに関しては、KDPに先行して日本語の電子書籍の販売が始まっており、出版業界ではそちらの方が大きなインパクトを持って受け止められていました。KDP開始当初はそれほど注目されていなかったのです。しかし、地味に始まったKDPは、決して無視できる存在ではありません。特に、今を生きる個人、知識を生業とする知識労働者、ノウハウを持つ専門職、そして表現者や思想家は注目せざるを得ないツールであることはすでに紹介しました。そうした人たちの武器となるツールなのです。

KDPを個人の武器として使う前に、その特徴を確認しておきましょう。

【KDPの特徴その1】誰でも参加可能

KDPは、基本的に誰でもが使えます。資格試験や出版社とのコネクションは必要ありません。もちろん、Amazonのアカウントを作成する必要がありますが、それだけです。出版したい人が用意するのはコンテンツと、電子書籍に関するいくつかの知識だけです。それをクリアし、後はやる気さえあれば、誰でも取り組むことができます。

KDPの登録は無料でできる
Amazon
まいど
ありがとう
ございます
Amazon
おもしろ
そうだ!
読者A
この本が
気になる
読者B
購入
購入
本が売れると
Amazonには
手数料が入る
手数料
Amazon
Kindleストア
売上から一定率
の手数料が差し
引かれて報酬が
支払われる
報酬
支払
低コスト・低リスク
で電子書籍が作れ
るから安心だね!
著者
登録
電子書籍(ファ
イル)の登録は
無料で行うこと
ができる
電子書籍(ファイル)

また、「本」の出版にあたって料金が発生しません。電子書籍なので印刷代などの物理コストが不要なのは当然ですが、「本」の登録料といったものすら必要ありません。ファイルの作成や送信においてパソコンを使うことになるので、持っていない人はそこに初期投資が必要となりますが、紙の本の出版に比べれば微々たる金額といえるでしょう。

このサービスを提供しているAmazonは手数料で利益を上げます。本が売れたら、一定率の手数料が差し引かれ、残りが制作者の懐に入ります。つまり、前もってのお金は必要ないということです。Amazon側はこの仕組みによってKindleストアにコンテンツを大量に増やすことができますし、出版する側は低コスト・低リスクでコンテンツ販売に乗り出せます。双方にとってメリットがある仕組みといえるでしょう。

⚜【KDPの特徴その2】企画は自由自在

ＫＤＰでの「本」作りは自由です。

Amazonが定めるガイドライン（こういうコンテンツはいけません、というルール）はあるにせよ、企画内容に関しては個人の裁量で行えます。何といっても、出版者はあなた自身なのです。編集長から許可をもらう必要はありませんし、企画会議を通す必要もありません。好き勝手に「本」を作れます。

これは低コストのＫＤＰならではの環境といえるでしょう。赤字の心配がほとんどないので、乱暴な言い方をすれば、「下手な鉄砲も数打ちゃ当たる」作戦をとることすらできます。

値段設定も99円から2万円まで幅広い選択が可能です。薄利多売戦略や、一品物をコアな層に売り込む戦略など多様な選択肢があり得ます。

さらにＫＤＰ本は「再販制度」の対象外です。紙の本の価格は、どこの書店でいつ買っても、基本的には変わりません。しかし、ＫＤＰでは値引き（値段変更）を行うことができます。ＫＤＰ以外のプラットフォームでも電子書籍を販売しているのならば、プラットフォームごとに値段が違うこともあり得ます。

セールは値引き競争の心配を引き起こしますが、マーケティングの手札を増やすことにもつながります。そこは出版者の腕の見せ所です。

さらに、印刷・製本・流通の工程が必要ないので、作成したコンテンツを即座に売りに出すことができます。また、紙の本と違って、内容の「アップデート」も可能です。改訂した本を改めて読者に購入してもらう必要はありません。最新情報に沿った「本」を提供できます。

⚜【KDPの特徴その3】編集不在

自分ひとりで「本」作りができるKDPでは、紙の本と違い、「編集者」がいません。その点では、自費出版や同人誌に近い位置付けです。買う方からしてみればコンテンツの玉石混淆感は否めません。

しかし、「編集」は質の良いコンテンツを生み出す担保になる代わりに、それがフィルターとして機能してしまう可能性もあります。誰も可能性を計ることができないコンテンツが弾かれてしまうのです。

また、これとは逆向きの働きもあり得ます。一度「人気あるコンテンツ」の傾向が生まれると、それに続くコンテンツが複製のようなものになってしまう現象です。あまり大きな声ではいえませんが、紙の本でもよく見られる光景です。もちろん、編集不在でも同じことは起こり得るでしょうが、その傾向から外れた本も気兼ねなく作ることができます。読者としても、コンテンツには多様性が確保されていた方がよいでしょう。

こうした特徴を踏まえれば、ＫＤＰで作成されるものは、これまでの「本」の延長線にはないことがわかります。同じ電子書籍というくくりですが、紙の本を電子化したものとはまったく別物なのです。このあたりの差異は、出版業界でも理解されていない雰囲気があります。この2つの存在は、明確に別のものと捉えた方がよいでしょう。

セルフ・パブリッシングは、その可能性でいえば、ブログに近い場所に位置しています。片方に紙の本、その反対にブログを置けば、セルフ・パブリッシングは中心点よりもずいぶんブログに近くなるでしょう。

現代のブログは、多様な書き手が参加し、多様な情報が、多様な形で発信されています。セルフ・パブリッシングで作られる「本」も同じような状況が生まれるでしょう。そして、そこに課金を発生させられるのです。

果たしてKDPは儲かるのか？

さて、気になるのがＫＤＰでの売り上げです。それはどのぐらい儲かるのでしょうか。専業作家としてやっていけるような余地はあるのでしょうか。

ＫＤＰが先行してスタートしている米国では、実際にＫＤＰ作家を名乗る人も登場しています。また、電子書籍で大きな実績を作り、そこから紙の本の出版につなげている人もいます。

たとえば、アマンダ・ホッキングという女性は、２０１０年から米国のＫＤＰで電子書籍の販売を開始し、その8月には仕事を辞めて専業に移行。２０１１年2月末の時点で9点の作品を販売し、累計で90万冊以上販売したようです。その実績から、彼女はマクミランという大手出版社との出版契約を結びました。推定２００万ドルともいわれています（参照先「http://www.huffingtonpost.com/tonya-plank/meet-mega-bestselling-ind_b_804685.html」「http://amandahocking.blogspot.jp/」）。

もちろん、米国と日本では人口が違うので、マーケット規模にも違いがあります。まったく同じような金額の獲得を目指すのは無謀かもしれません。しかし、日本でもセルフ・パブリッシングで本を売り、そこから紙の本の出版につなげた例はあります。今後、電子書籍ユーザーの数が増え、ＫＤＰ参加者が増えてくれば、同じような事例がいくつも出てくるでしょう。

誰にでもできる「出版」

ＫＤＰの先に広がっている世界は、自由かつ広大です。

これまでの「本」作りとはまったく違った観点で、さまざまなコンテンツが提出されるようになるでしょう。もちろん、そこにあなたも参加することができます。

今後、特に注目されるのは数百円単位のコンテンツでしょう。これまで、紙の本のマーケットにのりにくかったコンテンツに、新しい活躍の場が与えられています。それは、どれだけニッチであっても問題ありません。３００人の同士に伝えたい、自分と同じ問題で困っている１００人を手助けしたい、そういう動機で「本」を作ることができます。

その「本」の売り方に関しても、書店に並べる必要がないので、これまでとは違った方法が出てくるでしょう。現在はソーシャルメディアがあるので、個人がマーケティングを行うことも不可能ではありません。アイデア次第でいろいろなことができそうです。

アイデアパーソンが、意味のない制約に縛られずに、自由にその創造力の翼を広げることができる場所。それがＫＤＰであり、セルフ・パブリッシングです。

これまでは、一定の知名度や全国的なコンテンツを持つ人だけが、出版という収入手段のチャンスを得ていましたが、これからの世界はその構図が崩れます。

「本を書く」「出版する」といった行為の敷居が劇的に下がるのです。壁が崩れ去り、もはやそこにあった境界線すらも曖昧になります。それが今日の「出版」が直面している事態です。

音楽業界では、すでにこうした変化が起きています。プロミュージシャンとそうでない人たちの境界線は、動画サイトの普及でずいぶんと曖昧になりました。「野生のプロ」「才能の無駄遣い」といったタグが付く良質なコンテンツを作り出せる人が、ＣＤデビューしたり、あるいは同人誌のルートで自分の作品の音楽ＣＤやデータを販売しています。

文字コンテンツ、そして出版という産業もまた、否応なしにその変化の波にさらされようとしています。

すでに出版業界では、本を書く敷居が下がってきていました。ブロガーが執筆して本を出す、という話も珍しい話ではなくなりつつあります。世の中はいつでもコンテンツを求めています。それが出せる人にスポットライトが当たるのは不思議なことではありません。そして、セルフ・パブリッシングでは、自らそのスポットライトの中に飛び込むことができます。

グーテンベルクが「読書」を大衆化したように、ＫＤＰが「出版」を大衆化します。誰でもが、自由に「本」作りに参画できる世界が広がっているのです。

誰でもできるKDP。それって本当に？

もう一度、おさらいしておきましょう。KDPで出版するにあたって必要なものは、次の4つです。

- Amazonのアカウント
- 銀行口座（売り上げ振り込み用）
- パソコン（ファイル作成）
- インターネット環境（ファイル送信）

基本的にこれだけです。もちろんファイルの中身、つまり「コンテンツ」は当然準備しなければいけません。可能ならば、内容確認するための読書端末も準備できればベストです。

後は、度胸とやる気があれば――情熱もあるとよいかもしれません――今日からでも「出版」を始めることができます。

準備金も資格試験も必要ありません。すぐさま出版者になれます。準備するコンテンツだって、実際は何でも構わないのです。

「でも、電子書籍を作るなんて、難しいんじゃないだろうか」

もしかしたら、こういう疑問をお持ちになるかもしれません。パソコンに詳しくない人ならば、余計にそういう気持ちが強くなるでしょう。

では、実際にやってみましょう。次章は「ゼロから始める電子書籍作り」です。

第2章 ゼロから始める電子書籍作り

実際に1冊作ってみる

⚜最終目標の確認と手順

何はともあれ、実際に「本」を作ってみます。手軽に・気楽に始められるのがKDPの特徴です。あまり深刻には考えず、最初の1冊はお試し感覚でチャレンジするのがよいでしょう。

この章では、私がゼロの段階から「電子書籍」を作っていきます。最終的な目標は「自作の電子書籍をKindleストアに並べること」。それほど高い目標ではないように思いますが、実際にかなり低い目標です。その簡単さに、ちょっとびっくりしてしまうかもしれません。

本の中身に関しては、私が運営しているメルマガのエッセイがたまっていたので、それを使うことにしました。つまり「エッセイ集」です。ひねりのない企画ではありますが、お試しの1冊なので気にする必要はありません。Take it easyの精神でいきましょう。

とりあえず、私が準備したのは「エッセイを集めたテキストファイル」だけ。これをもとに電子書籍作りを進めていきます。

大まかな手順は、次のようになります。

❶テキストファイルからEpubファイルを作成する
❷Amazonのサイトにファイルをアップロードする
❸レビュー待ち ⬇ ストアに並ぶ

では、さっそく始めてみましょう。

Epubファイルを手っ取り早く作成する

ウェブツールでEpubファイルを作成する

まず、準備したテキストファイルからEpubファイルを作成します。Epubファイルとは何か、についての具体的な説明は後の章に譲るとして、ここでは「電子書籍用のファイル」と認識をしていただければ充分です。

今のところは、このファイルの中身について気にする必要はありません。リモコンの原理を知らなくても、チャンネルを変えることはできます。ともかくAmazonにアップロードできるEpubファイルを作成できれば、それで問題ありません。

そうしたファイルは、専用のツールを使うことで作成できます。ウェブ上には、さまざまなEpub作成のツールが配布されていますし、中には高機能な有料ツールもあります。が、ここでは無料かつ簡単なツールを使うことにしましょう。アプリケーションをダウンロードする必要もない、ブラウザから使えるウェブツールです。必要なのは、テキストファイルだけ。まさに、今回の目的にぴったりですね。

使うのは「EPUB3::かんたん電子書籍作成」というツールです。次のURLを入力するか、あるいは「かんたんEpub3」で検索をかければ発見できるでしょう。

URL **http://books.doncha.net/epub/**

このサイトにアクセスし、テキストファイルをアップロードすれば、Amazonで販売可能なEpubファイルに変換してくれます。

アップロードする前の下ごしらえ

テキストファイルは、基本的にそのままの状

◉「EPUB3::かんたん電子書籍作成」

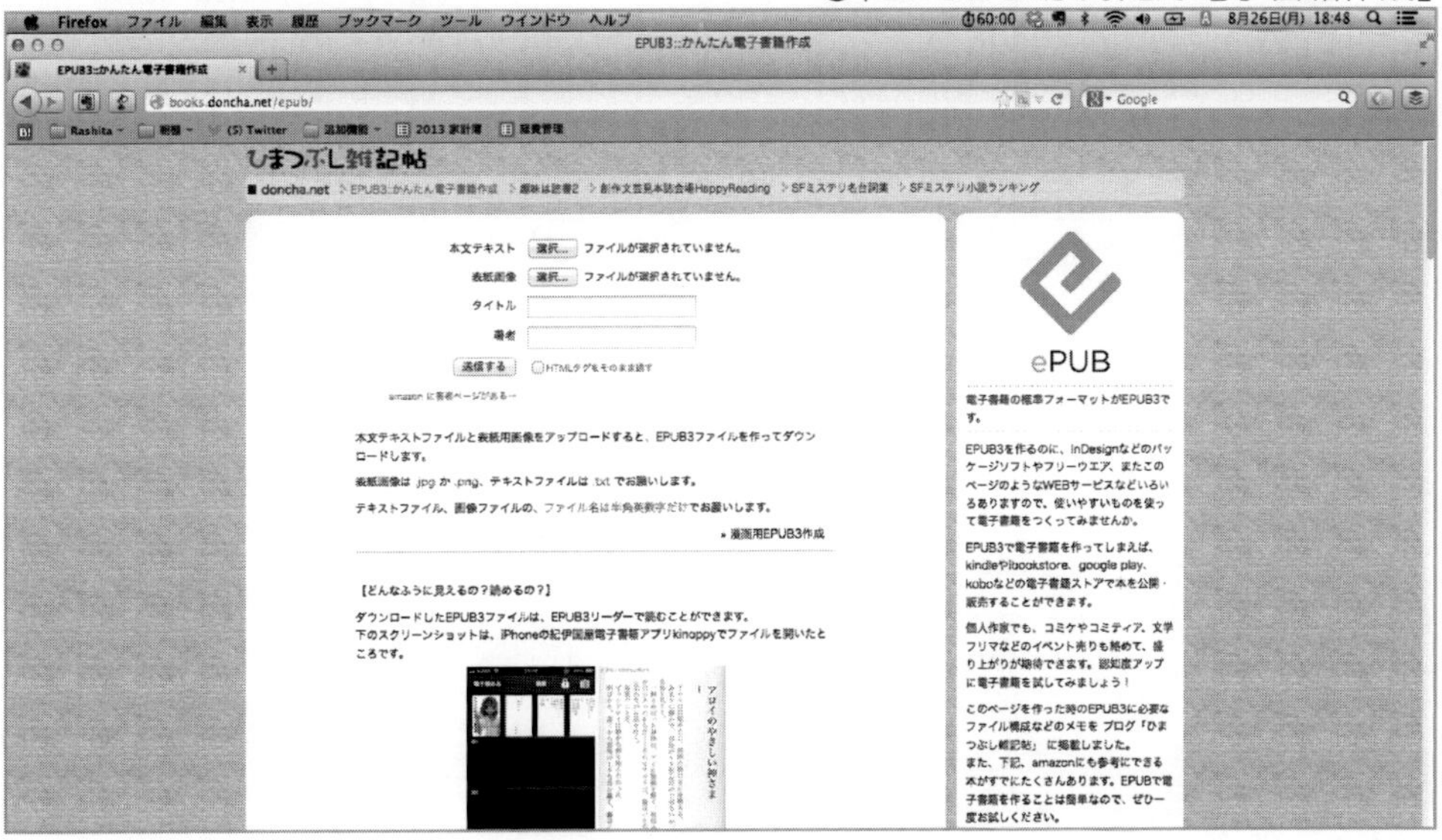

態で大丈夫ですが、1点だけEpubファイル用の下ごしらえが必要です。それが「小見出し」を入れること。本書でも「Epubファイルを手っ取り早く作成する」などの見出しによって内容が分割されていますが、これと同じようなことを行うわけです。「EPUB3::かんたん電子書籍作成」では、小見出しは最低1つは先頭に入れておく必要があります。その他、ページの区切りになるような部分にも追加しておくとよいでしょう。

表記の方法は、たとえば、次のようになります。

（小見出し）第一章

小見出しにあたる部分の頭に「（小見出し）」を追加するだけです。この小見出しに指定した部分が、目次としても使われます。

今回は各エッセイのタイトルを見出しに指定しました。

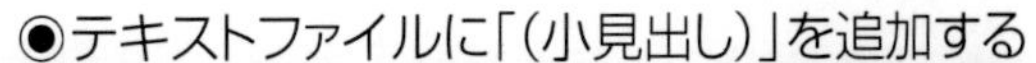

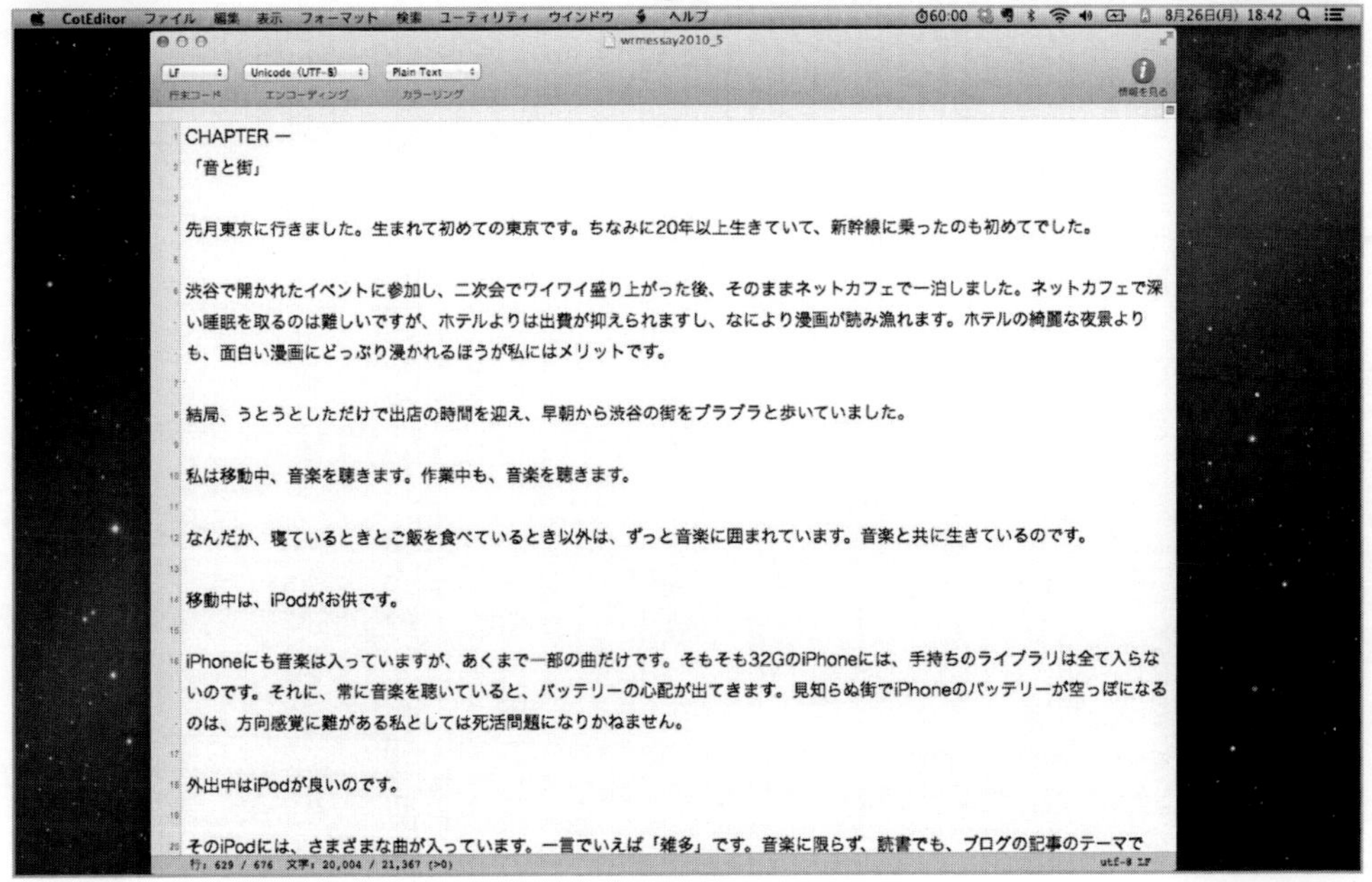

小見出しの指定を入れる

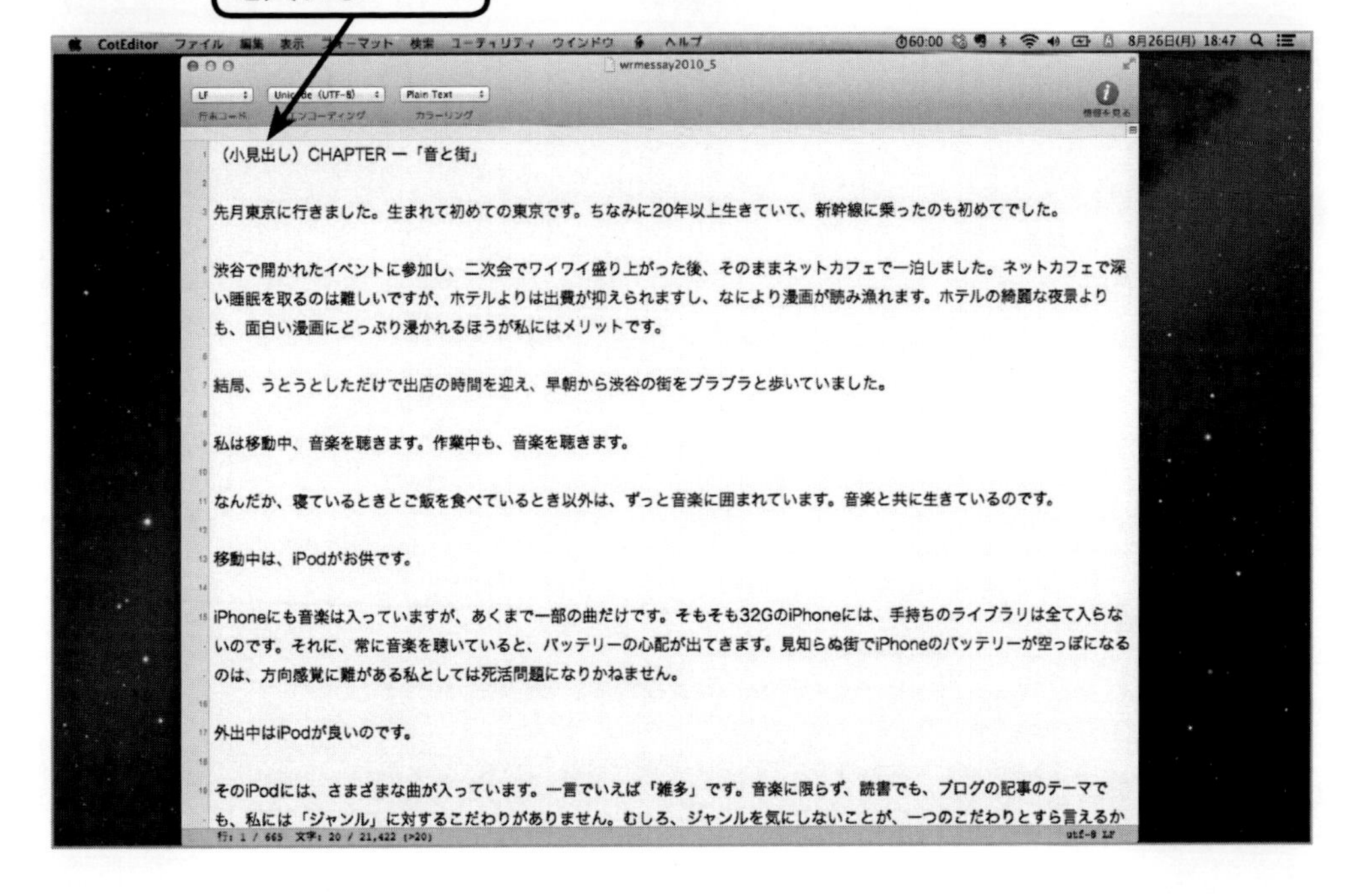

では、さっそくこのテキストファイルをアップロードします。が、ここで1つ問題が出てきました。入力項目の「本文テキスト」の次に「表紙画像」の項目があります。確かに「本」を作るのですから表紙は必要ですね。では、表紙画像も簡単に作ってみましょう。

シンプルな表紙画像を作る

表紙画像は、パソコンの画像作成アプリケーションで作れます。高機能なツールを使えば凝った表紙を作成することもできますが、今回は簡単にいきましょう。タイトルと著者名がわかればそれで良い、と割り切ります。

それぐらい簡単なものならば、Windowsのペイント、Macならばプレビューで対応可能です。

◉「本文テキスト」に加えて「表紙画像」も必要

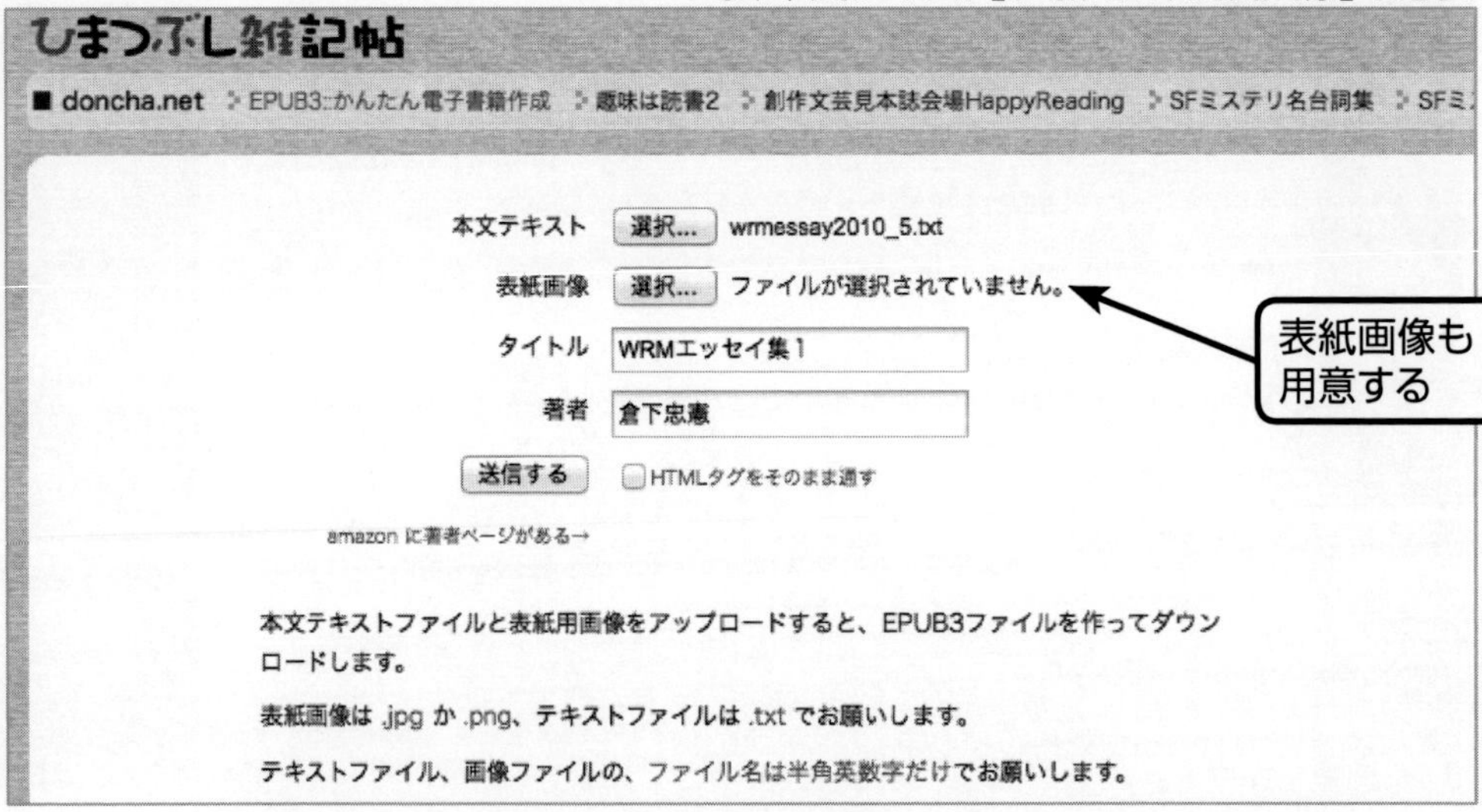

もし、作成の手順をショートカットしたければ、次のファイルをダウンロードして土台代わりに使ってください。表紙に使いやすい縦長のサイズで、キャンバスのような無地の画像になっています。文字の入力は、画像作成アプリケーションにある文字ツール（テキストツール）を使えば簡単でしょう。

URL　http://rashita.net/whitecover.jpg

今回はこれにタイトルと著者名（「WRMエッセイ集」と「倉下忠憲」）を入れました。後は、それを保存するだけです。ファイル名は何でも構いませんが、cover.jpgとでもしておきましょう。なお、「EPUB3::かんたん電子書籍作成」ではＰＮＧ形式にも対応しています。

ひとまずこれで表紙画像は完成です。

Epubファイルをダウンロードする

では、「EPUB3::かんたん電子書籍作成」のサイトで、本文テキストと先ほど作成した表紙画像のファイルをアップロードしましょう。さらに「タイトル」と「著者」の項目も入力します。その他の細かい情報については、現段階では気にしなくても問題ありません。

すべての準備が整ったら、「送信する」ボタンをクリックします。すると、1つのファイルがダウンロードされてきます。それがEpubファイル、つまり電子書籍用のファイルです。これで無事、テキストファイルからEpubファイルに変換できました。作業の手順はたったこれだけです。拍子抜けするほど簡単だったのではないでしょうか。

もし、Epubファイルを読み込めるツールをお持ちなら、この段階で中身を確認することも可能です。

次に、こうして作成したEpubファイルをAmazonに登録してみましょう。

◉作成したファイルを選択し、本の情報を入力する

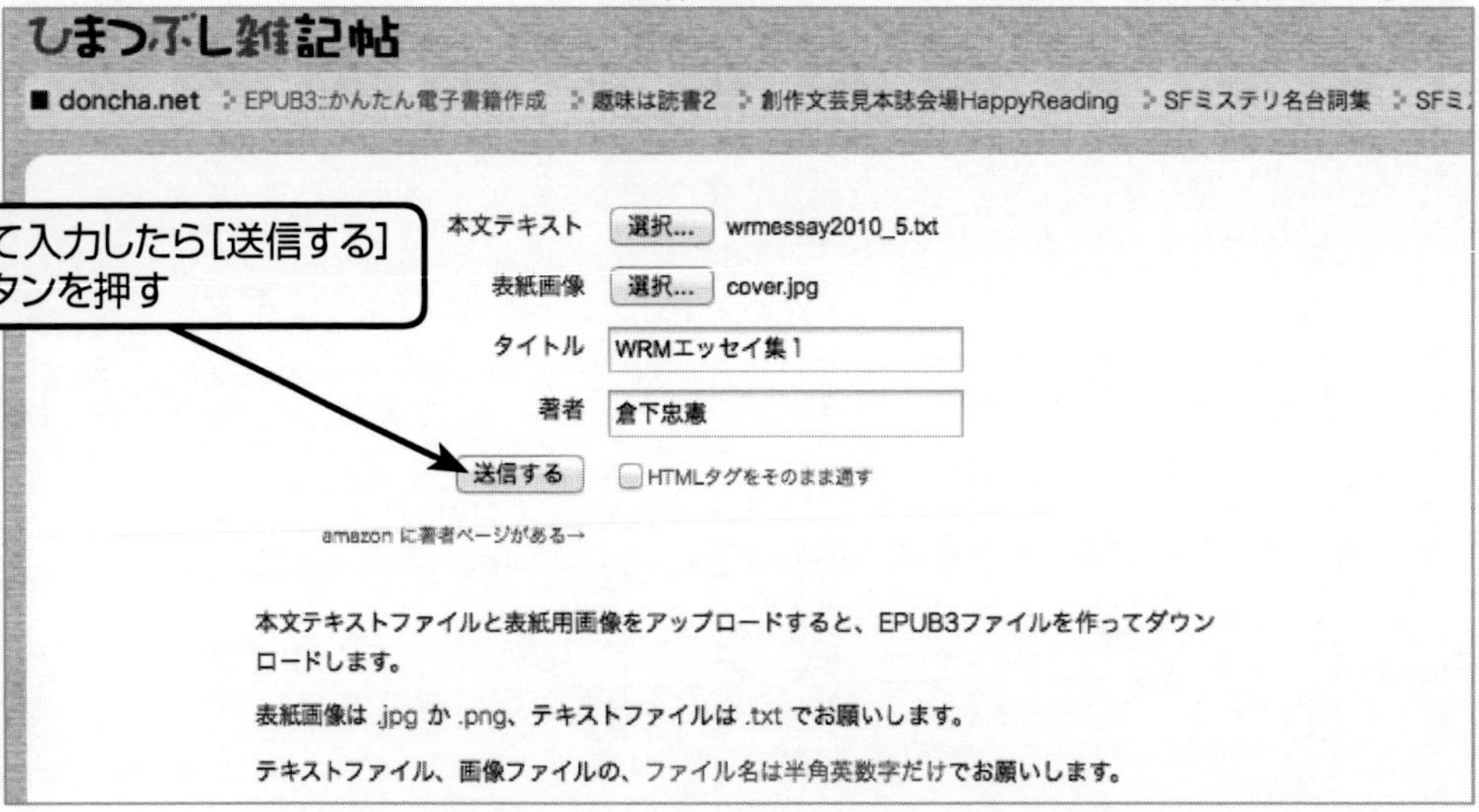

ひまつぶし雑記帖

■ doncha.net　EPUB3::かんたん電子書籍作成　趣味は読書2　創作文芸見本誌会場HappyReading　SFミステリ名台詞集　SFミ

全て入力したら[送信する]ボタンを押す

本文テキスト　選択...　wrmessay2010_5.txt
表紙画像　選択...　cover.jpg
タイトル　WRMエッセイ集1
著者　倉下忠憲
送信する　HTMLタグをそのまま通す

amazon に著者ページがある→

本文テキストファイルと表紙用画像をアップロードすると、EPUB3ファイルを作ってダウンロードします。

表紙画像は .jpg か .png、テキストファイルは .txt でお願いします。

テキストファイル、画像ファイルの、ファイル名は半角英数字だけでお願いします。

Amazonに本を登録する

ダイレクト・パブリッシングのページにアクセス

まずは、「Kindleダイレクト・パブリッシング」のページにアクセスします。次のURLを入力するか、「Amazon KDP」でウェブ検索してみてください。

URL **https://kdp.amazon.co.jp/**

登録ページに進むためには、Amazonのアカウントが必要なので、お持ちでないならば、この段階で作成してください。また、銀行口座や納税者情報の登録も済ませておきましょう。

◉Kindleダイレクト・パブリッシングのページ

[サインイン]ボタンをクリックし、アカウントを取得する

本の情報を入力していく

「本棚」のページで「新しいタイトルを追加」をクリックすると、書籍情報の入力画面に移ります。1ページ目は本の情報について、2ページ目は権利と価格設定についてです。まず本の情報を入力していきましょう。

「KDPセレクトの公開」のチェックボックスはオンにしましょう。KDPセレクトに登録すると、90日間Kindleで独占販売する代わりに、いくつかのメリットが享受できます。その他の電子書籍ストアで同時発売しない場合はチェックしておいた方がよいでしょう。

「1.本の詳細」では、タイトルに関する情報

●「新しいタイトルを追加」ボタンから本の登録を始める

本の登録はこのボタンをクリックする

を入力します。さらに版数や、出版者、内容紹介も入力しましょう。今回の場合であれば、版数は1で、出版者は私、内容紹介は「有料メールマガジンで連載したエッセイをまとめたものです」といった文言になるでしょう。内容紹介は4000字まで入力できます。

「著者等」では、まず自分の名前を著者として登録し、その他の協力者がいるのならばその人の名前も追加しておきましょう。

「言語」は日本語を選択し、「発売日」「ISBN」「参照番号」は任意で入力可能です。今回は空欄にしておきました。

さらに「18歳未満の方に不適切な表現内容」が含まれていなければ、「いいえ」を選択します。

●KDPセレクトは選択しておく

●書誌情報を入力していく

Firefox ファイル 編集 表示 履歴 ブックマーク ツール ウインドウ ヘルプ

Amazon.co.jp: Kindle ダイレクト・パブリッシング: 本の詳細情報の編集

https://kdp.amazon.co.jp/self-publishing/edit-book/one?digitalItemId=A3HCAW43TF7DG2

1. 本の詳細

タイトル

新しいタイトル1

タイトルを正確に入力してください（シリーズタイトルの場合は巻数も含め、サイト上に表示を希望する通りに入力）。タイトルに無関係の文字が含まれている場合、本を出版できませんのでご注意ください。（理由は?）

フリガナ

タイトルのフリガナを**全角カタカナ**で入力してください。シリーズの中の一冊の場合は巻数も入力してください（巻数は0を付けて3ケタで入力。例：1巻→001、11巻→011、上巻→001）。

ローマ字（詳細）

この本はシリーズ中の一冊です（詳細）

シリーズのタイトル　巻

フリガナ（詳細）

ローマ字（詳細）

版（オプション）（詳細）

版（半角数字）（オプション）（詳細）

出版者（オプション）（詳細）

出版者（ローマ字）（オプション）（詳細）

内容紹介（詳細）

入力できる文字数は残り4000字です

本の著者等（詳細）

著者等を追加

カテゴリーと検索キーワードを使用して、お客様が本を見つけやすくすることができます。カテゴリーとは、Kindleストアのセクション(歴史、フィクションなど)です。検索キーワードは、お客様がKindleストアで検索する際に本を見つけやすくするためのものです。カテゴリーと検索キーワードの詳細をご覧ください。

デジタル著作権管理(DRM)を有効にする必要がありますか?

DRM (デジタル著作権管理)とは、本のKindleファイルを無許可で配布できないようにするためのものです。一度本を出版すると、DRM設定は変更できません。詳細はこちら

本がパブリックドメインであるかどうかを確認するにはどうすればよいですか?

作品に関連する著作権の有効期限が切れると、その作品はパブリックドメインに移行されます。著作権の期限は国によって異なりますので、販売地域での権利は、本をパブリックドメインに置くと決めた地域のみが含まれるように設定してください。70%のロイヤリティオプションは、完全にまたは主にパブリックドメインコンテンツから構成される作品には、適用されません。詳しくはこちら

書誌情報を入力する

出版の権利確認とキーワード

「2.出版する権利を確認してください」では、作品を出版する権利を選択します。今回は完全に自分の原稿を使用したので、「これはパブリックドメインの作品ではなく、私は必要な出版する権利を保有しています」を選びました。ごく普通に本を作る場合は、こちらを選択することになるでしょう。

「3.お客様が本を見つけやすくする」では、本のカテゴリーと検索キーワードを設定します。私は物書きなので、カテゴリーとして「伝記、自叙伝 > 編集者、ジャーナリスト、出版者」を選択しました。検索キーワードは「エッセイ、Rashita, R-style, WRM, メルマガ, エッセイ集」の6つを設定しました。

◉出版の権利およびキーワードの入力

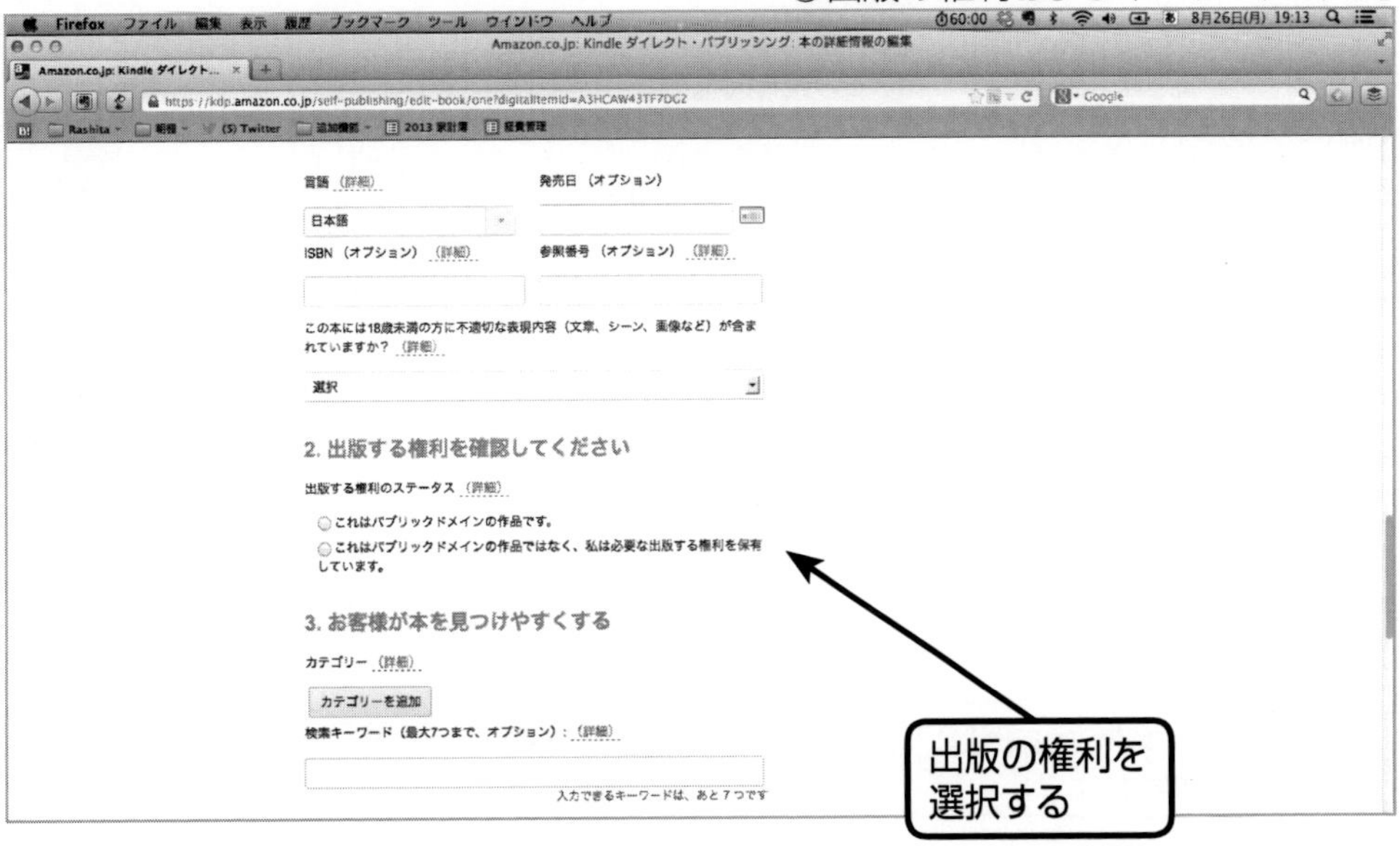

出版の権利を選択する

⚜表紙画像とファイルのアップロード

「4.表紙のアップロード」では先ほど作成したcover.jpgを選択しましょう。ファイルを選択し、「画像をアップロード」ボタンをクリックするだけです。この表紙はAmazonの販売ページで表示されます。

「5.本のアップロード」では、まずデジタル著作権管理（DRM）について選択します。DRMとは、音楽用CDやDVDでいうところの、コピーコントロールのようなものです。これを適用した場合、本を

◉カバー画像の指定

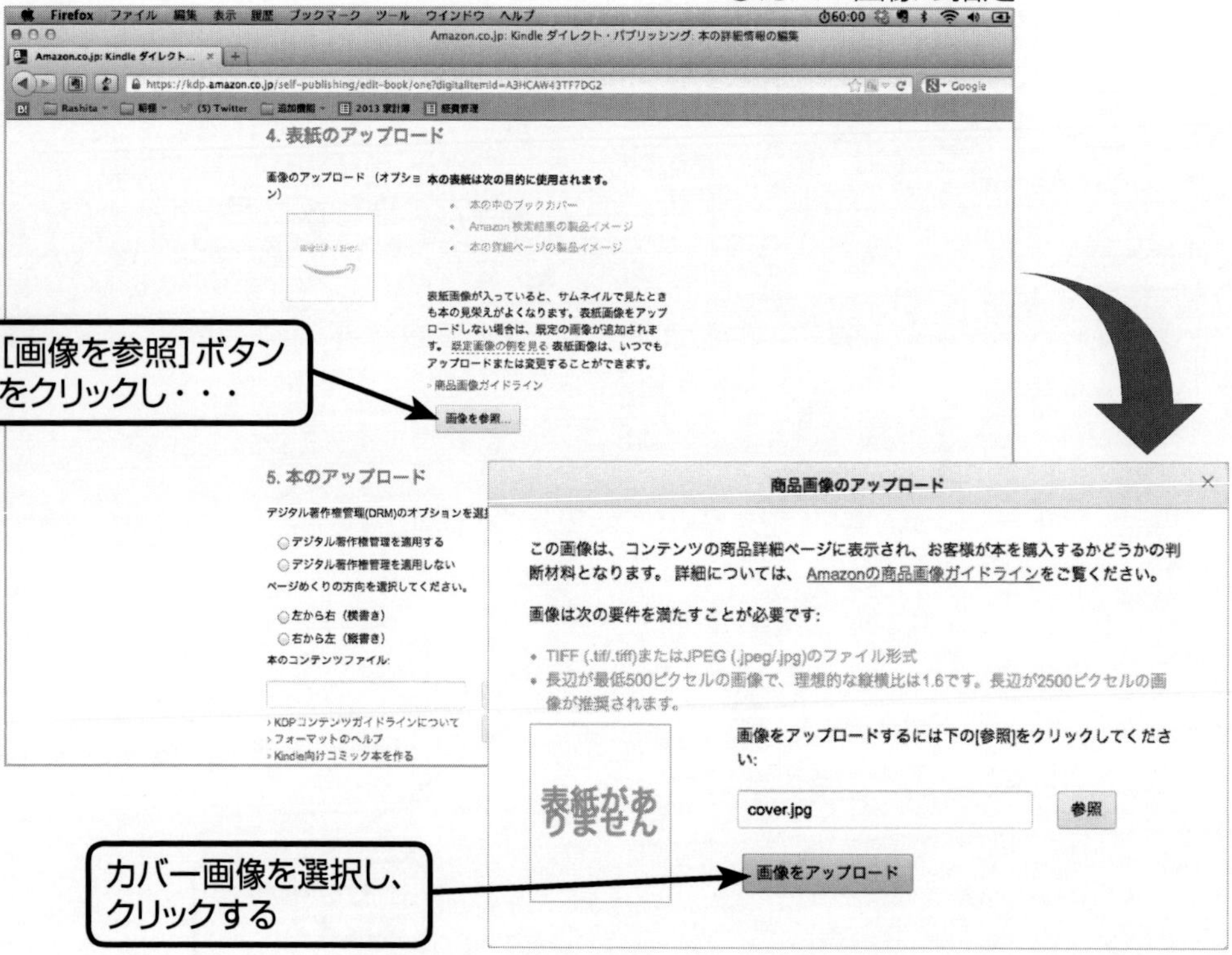

[画像を参照]ボタンをクリックし・・・

カバー画像を選択し、クリックする

買った人がそのファイルを自由に配布できなくなります。商業用としてはDRMありを選択するのが一般的でしょう。が、今回はお試し用だったので、なしを選択しました。ちなみに、その他の設定は後から変更できますが、この設定については出版してしまうと変更不可能になるので注意してください。

ページめくりは今回縦書きで作成したので、「右から左（縦書き）」を選択します。もちろん、横書きで作成した場合は、「左から右（横書き）」を選択してください。

「本のコンテンツファイル」の欄には、先ほど作成したEpubファイルを選択します。ファイルに問題がなければ、ここでKindle用のファイルに変換する作業が始まります。大きめの

◉ファイルの変換が終了

ファイルの場合は多少時間がかかるので注意してください。

ファイル変換後は、プレビュー機能で中身のチェックが可能になります。

これで、本の情報については終了です。「保存して続行」ボタンをクリックし、次のページに進みましょう。

◉プレビューツールで中身を確認できる

権利と価格設定を行う

販売地域の設定

「7.販売地域を確認してください」では、最初に販売する地域を設定します。今回は「全世界の権利－すべての地域」を選択しました。特定の地域のみで販売したい場合は、「特定の販売地域－地域を選択してください」をオンにして、個別にチェックを入れましょう。

次に、「8.ロイヤリティの選択」で、ロイヤリティを決定します。

現状では35％か70％のどちらかを選択できま

◉販売地域の設定

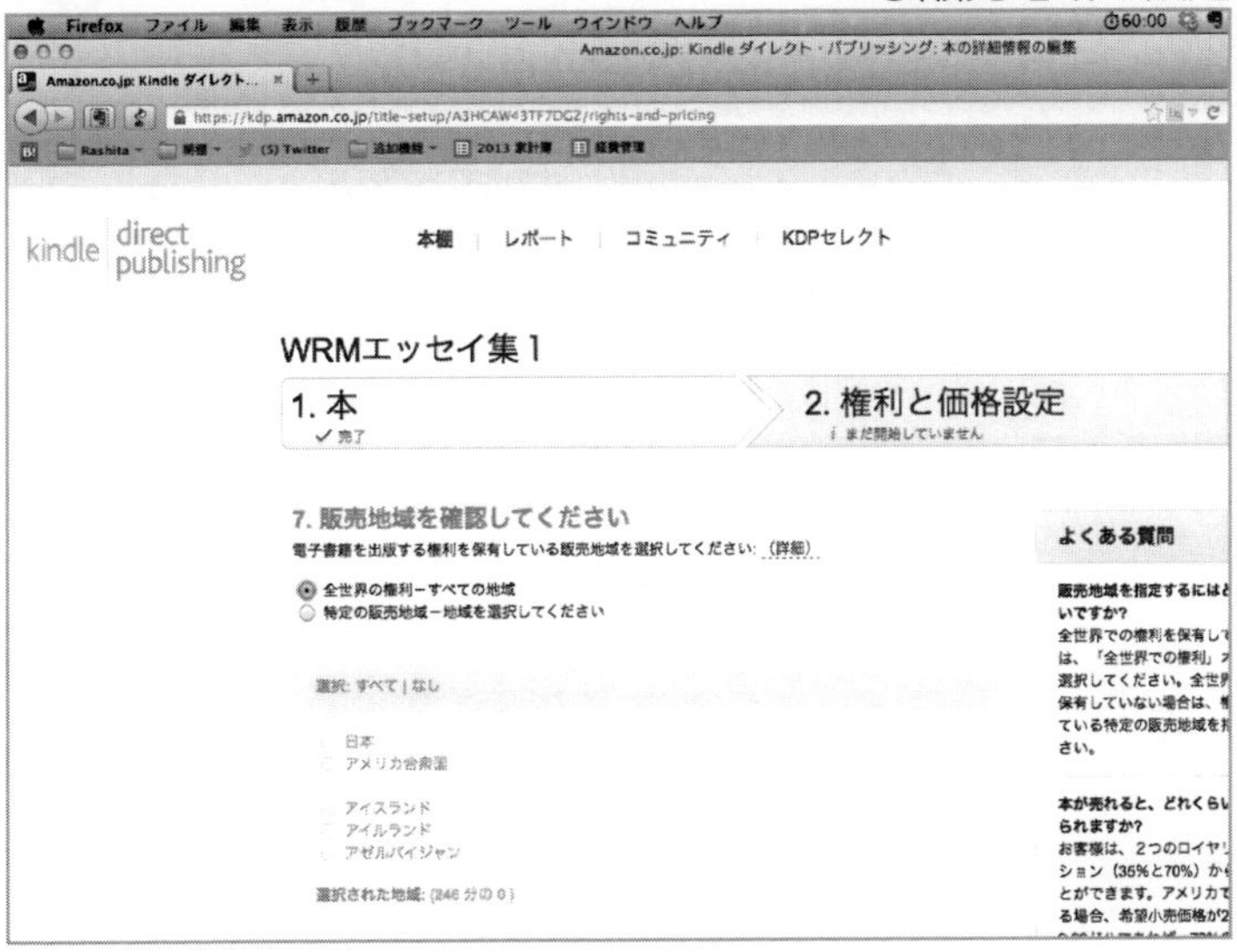

す。当然、高い方を選びたくなりますが、そのためには一定の条件を満たさなければいけません。その条件の中でも、特に注意しておきたいポイントが2つあります。1つは価格設定の幅。35%を選択した場合は$0.99から$200.00の間で選択できるのに対し、70%の場合は$2.99から$9.99の間で設定しなければいけません。

もう1つのポイントは、配信コスト負担。70%のロイヤリティ選択の場合に限り、売り上げから配信コストが差し引かれます。ようするにAmazonが支払っている通信費を一部負担せよ、ということです。ファイルサイズがさほど大きくない場合はあまり気になりませんが、大型の本を売る場合には注意が必

◉ロイヤリティを選択する。条件が違うので注意

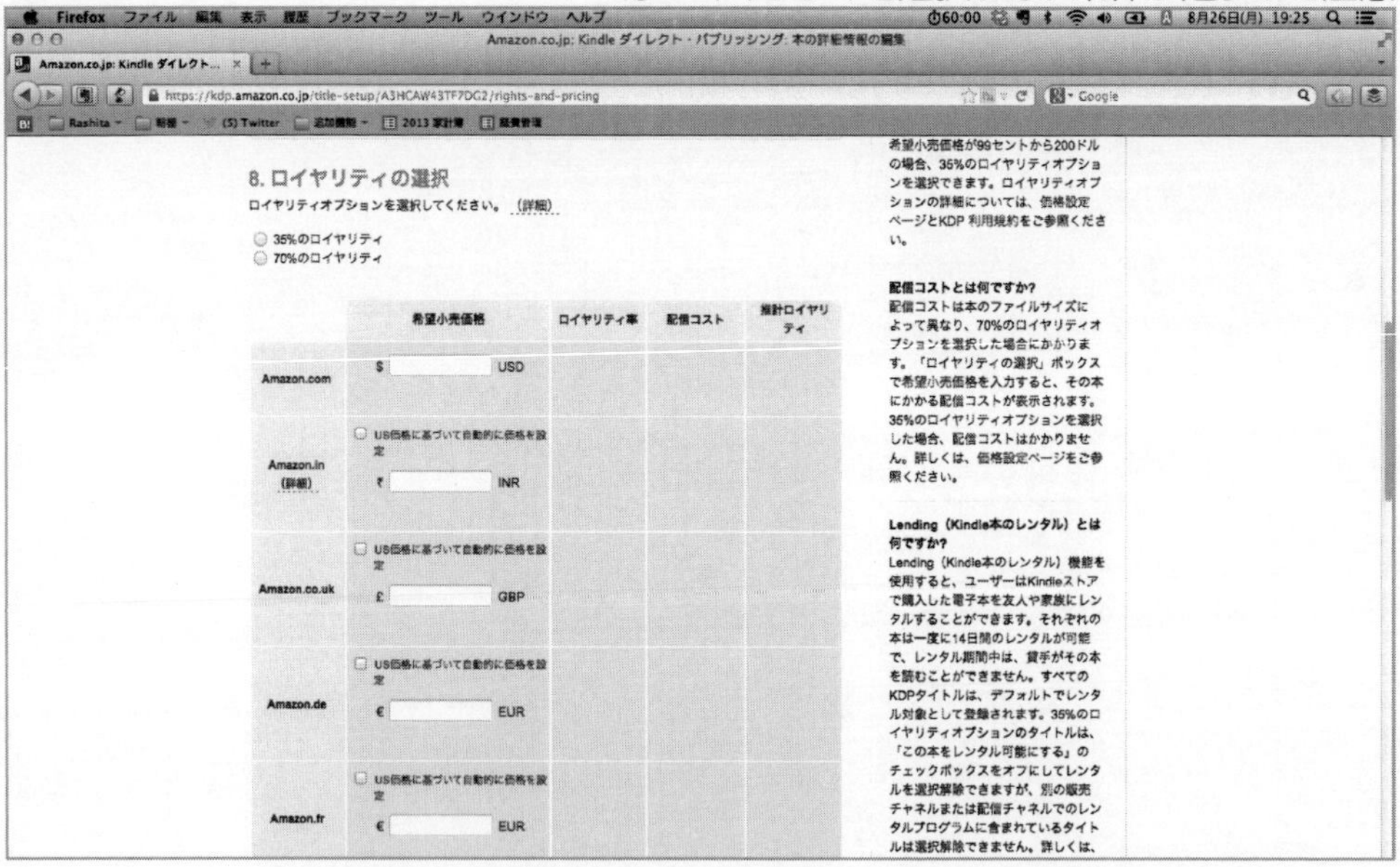

要でしょう。

今回は、一番安い値段に設定したかったので、35%を選び、価格は$0.99にしました。「US価格に基づいて自動的に価格を設定」を選択すれば、その他の国の価格も自動的に入力されます。ちなみに、日本円では99円になりました。

「9.Kindle MatchBook」は、Amazonで紙の本を買った人が、その本のKindle版を割安で買えるプログラムです。個人で作る電子書籍の場合はあまり気にする必要はないでしょう。

「10.Kindle本のレンタル」は、本を購入した人が14日間、友人や家族にこの本を貸し出すことができるプログラムについての内容です。いろいろな人に読

◉今回は「Kindle本のレンタル」を可能にした

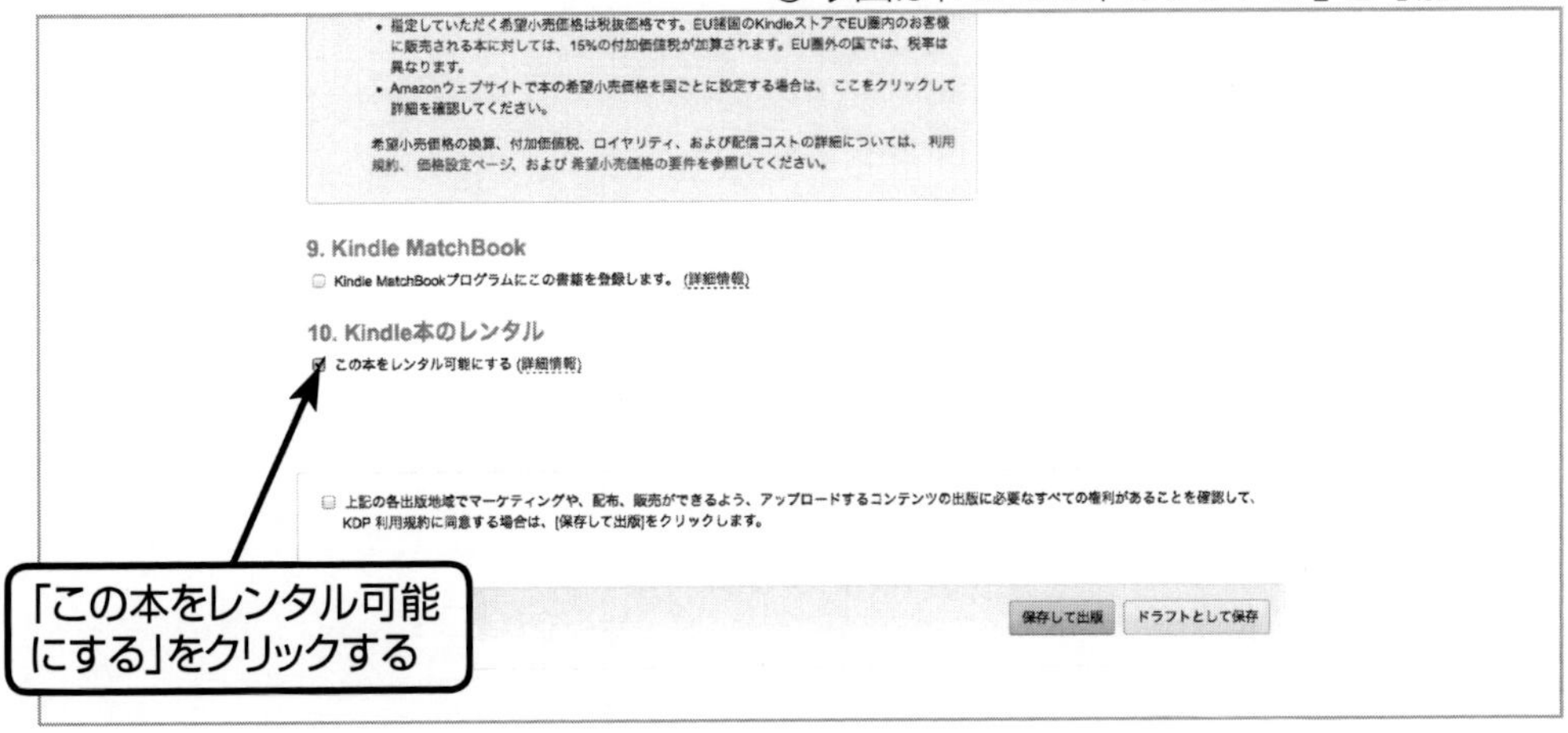

んでもらいたいと考えているならば、有用な機能です。今回はレンタル可能にしておきました。ちなみに70％のロイヤリティを選択した場合は、レンタルについて選択することはできず、常に「可能」になります。

そして、本棚へ

これで一通りの情報を入力および設定することができました。後は一番下にある利用規則に同意のチェックボックスをオンにして、「保存して出版」ボタンをクリックするだけです。すると、本が自分のKDPページに登録されます。

◉「レビュー中」は待つだけ

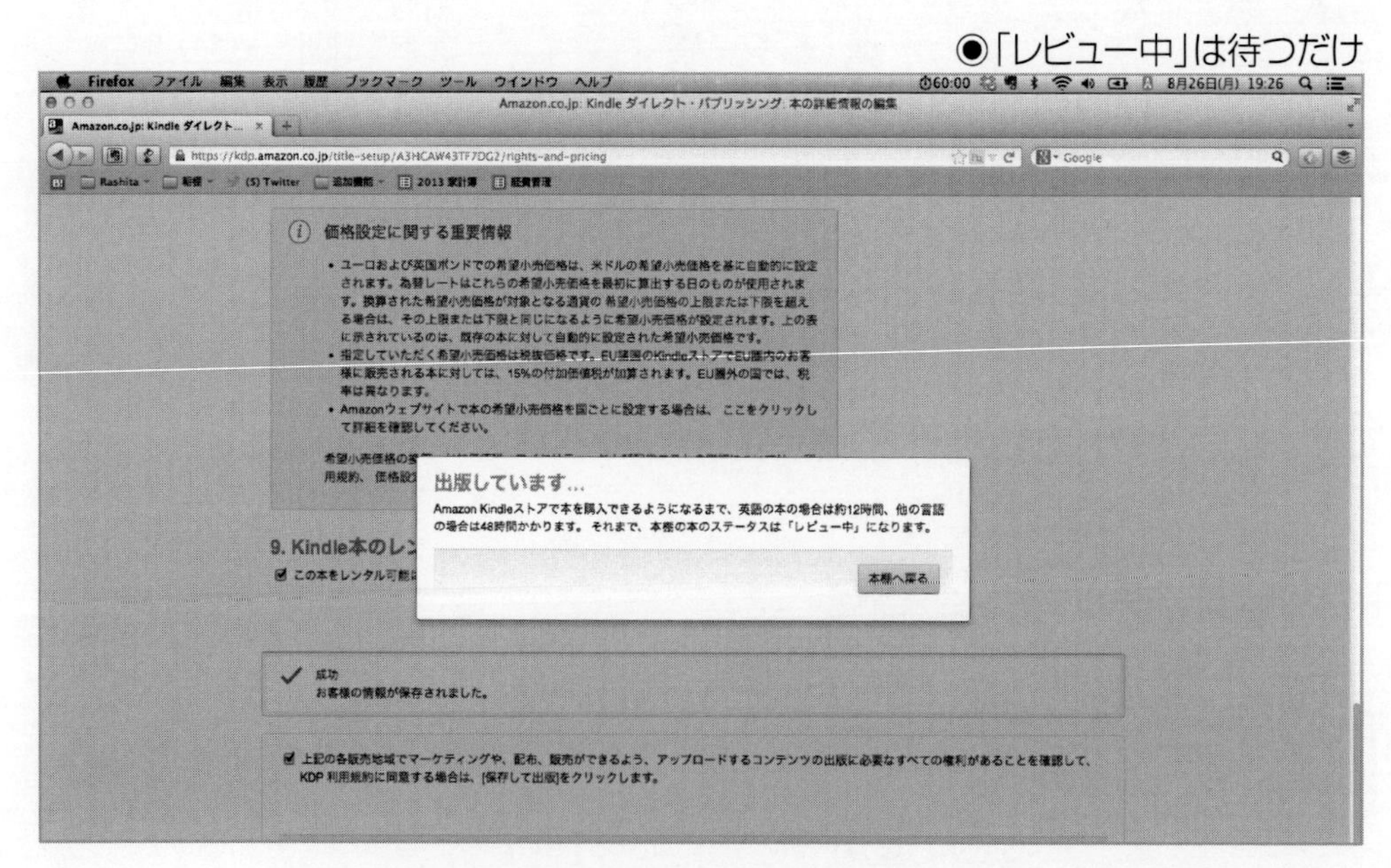

ただし、この段階ではまだAmazonのサイトには「陳列」されていません。ＫＤＰページのステータスを確認してみると「レビュー」となっています。これは、Amazonが本の中身を確認し、コンテンツガイドラインに沿った内容であるかどうかをチェックしている状態です。おおよそ12時間程度かかる、とAmazonのサイトには記載されています。この間ばかりはただ待つことしかできません。ただし、あともう少しの辛抱です。

ちなみに、最初にテキストファイルの下ごしらえをしてから、レビュー状態に持っていくまでにかかった時間は45分ほどでした。実際に登録してみると、「えっ、これで終わり？」と感じるぐらいあっけない手続きです。これなら誰もが問題なく実行できるでしょう。

さて、私は夕方に登録して、次の日の朝にはKindleストアに陳列されていました。先ほどのＫＤＰページを見てみると、「レビュー」だったステータスが「オンライン」に変更されています。

●登録した本が「オンライン」状態になった

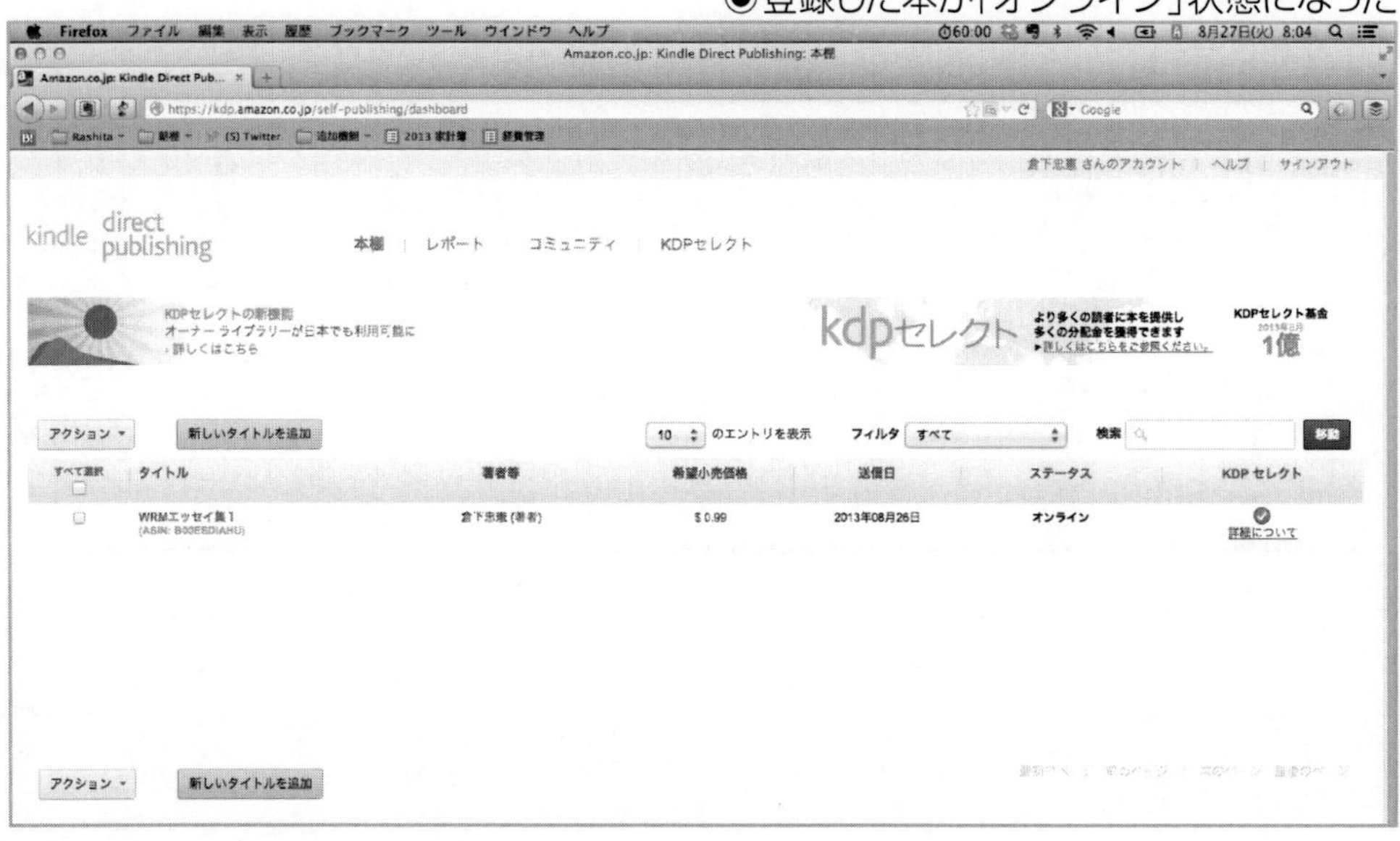

●Kindleストアに自作の電子書籍が「陳列」された

ドキドキしながらKindleストアを検索してみると、登録した本がちゃんと見つかります。この瞬間、私は1人の電子書籍作家になり、さらに1人の「出版者」にもなったわけです。

「自作の電子書籍をKindleストアに並べること」という目標は見事に、そしてあっけないぐらい簡単に達成できました。見てきたように、Kindleストアに本を並べる手順は本当に簡単です。やる気さえあれば、誰でもが電子書籍作家や出版者のスタートラインに立てるのです。ここまでくれば、「よし、さっそく本を作ってみよう」と決意されたかもしれません。

しかし、ちょっと待ってください。この「本」って売れるんでしょうか。

税金について

本の売り上げが生まれれば、税金が発生する可能性が出てきます。もし、あなたが給与所得者であり、年末調整を行っているのならば、本の売り上げが20万円以下のときは申告の必要はありません。しかし、年収が2000万円以上の場合は、その限りではありません。もちろん、給与所得者でなければ、基本的に確定申告の必要があります。申告の必要があるかどうかについては、次の国税庁のサイトを確認してみてください。

▶ **国税庁のサイト**

http://www.nta.go.jp/taxanswer/shotoku/1900.htm

また、Amazonはアメリカに本社を置いているので、Kindleストアでの販売はアメリカでの課税対象にもなってきます。基本的にこちらはAmazonが自動的に処理してくれますが、それはつまり二重に税金を取られているということです。これについては、EIN(雇用者識別ID番号)を取得することで、免税することが可能です。EINは、電話・ファックス・エアメール経由で取得できます(取得については無料)。英語での電話対応が問題ない場合は、電話が最も手早いですが、そうでない場合はファックスを使うのがよいでしょう。セルフ・パブリッシャーの多くもファックスを使って登録しているようです。

本書では具体的な手順を解説しませんが、すでに取得された方がインターネットで情報を公開してくれています。「KDP EIN」あるいは「KDP SS-4」というキーワードで検索すれば、いくらでも情報が見つかりますので、そちらを参考にしてください。

コラム

売上金の振り込みについて

売り上げの振り込みはAmazonから、つまり海外から行われます。もちろん円建てで振り込んでもらえるのですが、それを受け取る際、手数料が発生してしまいます。一部の銀行(現時点では、新生銀行とシティバンク)では、その手数料がかからないようなので、経費を節約したければ、そうした銀行に口座を作ってみるのもよいでしょう。

この手の話は、時間とともに状況(銀行のサービス、Amazonの対応など)が変わってしまうので、最新情報はネットで検索してみてください。検索のキーワードとしては「KDP 振り込み 手数料」あたりで情報を見つけられるはずです。

◉Googleで「KDP 振り込み 手数料」のキーワードで検索した結果

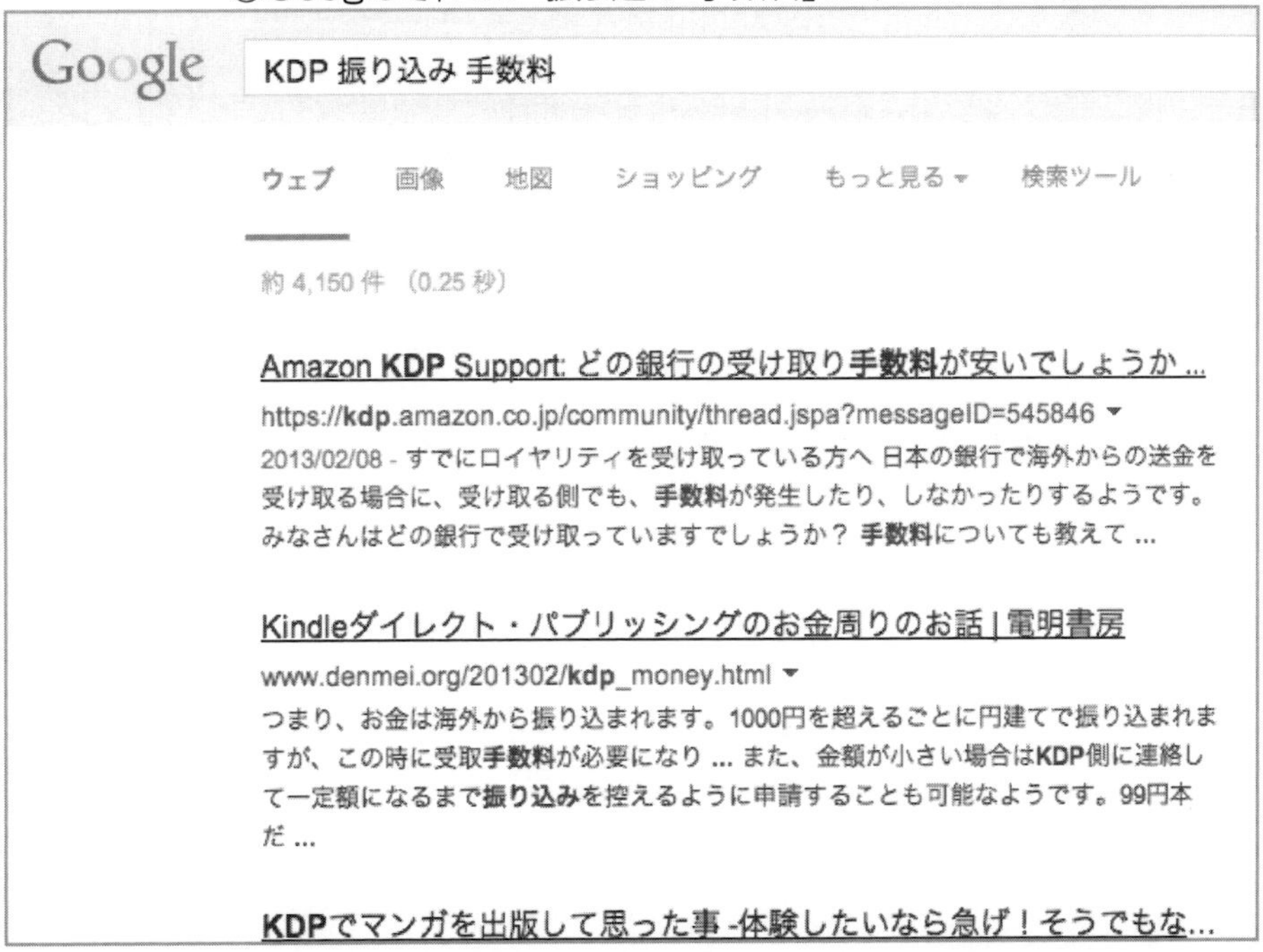

Google KDP 振り込み 手数料

ウェブ 画像 地図 ショッピング もっと見る 検索ツール

約 4,150 件 (0.25 秒)

Amazon KDP Support: どの銀行の受け取り手数料が安いでしょうか ...
https://kdp.amazon.co.jp/community/thread.jspa?messageID=545846
2013/02/08 - すでにロイヤリティを受け取っている方へ 日本の銀行で海外からの送金を受け取る場合に、受け取る側でも、手数料が発生したり、しなかったりするようです。みなさんはどの銀行で受け取っていますでしょうか? 手数料についても教えて ...

Kindleダイレクト・パブリッシングのお金周りのお話 | 電明書房
www.denmei.org/201302/kdp_money.html
つまり、お金は海外から振り込まれます。1000円を超えるごとに円建てで振り込まれますが、この時に受取手数料が必要になり ... また、金額が小さい場合はKDP側に連絡して一定額になるまで振り込みを控えるように申請することも可能なようです。99円本だ ...

KDPでマンガを出版して思った事 -体験したいなら急げ!そうでもな...

「出版」のスタートライン

買えることと売れること

もちろん、Amazonの棚に陳列されたわけですから、読者に買ってもらうことはできます。だからといって、それが売れるとは限りません。買える状態になることと、それを買ってもらえることはイコールではないのです。

買ってもらえなければ、読んでもらえません。読んでもらえなければ、自分が伝えたかったことも伝わりません。もちろん、売り上げもゼロです。つまり、買ってもらえなければ本を作った意味などない、ということです。

現実のお話をしましょう。先ほど登録した本は月曜日にレビュー状態になり、火曜日から発売を開始しました。さて、1週間後の火曜日、トータルの販売数は何冊になったでしょうか。答えはゼロです。1冊も売れていません。では、2週間後の火曜日は？　これまたゼロです。これでは印税生活どころか、お小遣いすら手に入りません。

しかし、考えてみるとそれも当然です。この「本」の存在を知っているのは今のところ私だけ。それに、誰かに強く訴えかけるタイトルでもありません。これで大量に売れたら、奇跡といってもよいでしょう。

「自作の電子書籍をKindleストアに並べること」だけが目標では、何かが足りないのです。それも圧倒的に足りていません。

「作る」だけでは足りない

率直にいえば、足りないのは「出版」です。

確かに、本を作り、それを読者が買える状態にすることも出版ではあります。しかし、それだけが出版ではありません。出版には、複数の要素と工程が含まれており、それぞれにおいて特有の技術や考え方が必要になってきます。そのすべてを、1人の人間が極めることはできないかもしれません。が、実行するだけならば可能です。

そして、セルフ・パブリッシングとはまさにそれを実行することなのです。

つまり、ここからが本当の「出版」のスタートということです。

第3章

セルフ・パブリッシングにおける企画の考え方

「夢の本」へ至る道

「出版」を構成する要素

前章では、簡単に自分の本が作れることを確認しました。それと同時に、作っただけでは売れないことも確認しました。身もふたもない話ですが、それが現実です。「誰でも簡単に作れる」ならば、競争相手は無数に存在し得ます。リスクが低い分、失敗を気にする必要はありませんが、何も工夫がなければ、本が売れるようにはならないでしょう。

紙の本は、出版しただけで――売れる売れないにかかわらず――ある種のステータスを得られました。それは「出版」の舞台に立つのがそもそも難しかったからです。しかし、セルフ・パブリッシングは誰でもが、その舞台に上がれます。そこでは、本を出すことそのものに価値はありません。売れてナンボ、読まれてナンボの世界です。

では、どうすればいいでしょうか。

何も打つ手がなければ、セルフ・パブリッシングは個人の武器として使えないツールになってしまいます。

しかし、よく考えてみれば、武器もそれを手にしただけですぐに使いこなせるものではありません。熟練によって引き出せる力は違うでしょうし、そもそも筋力が足りなければ装備することすらかないません。同じ武器でも使う人によって、その効果が違ってくるわけです。

引き金ひとつで誰かを殺せる拳銃ですら、それを撃つ人の腕前を無視することはできません。セルフ・パブリッシングも、武器として扱うのならば、それに関係するスキルを上げていくことが必要です。使い

出版社と出版者

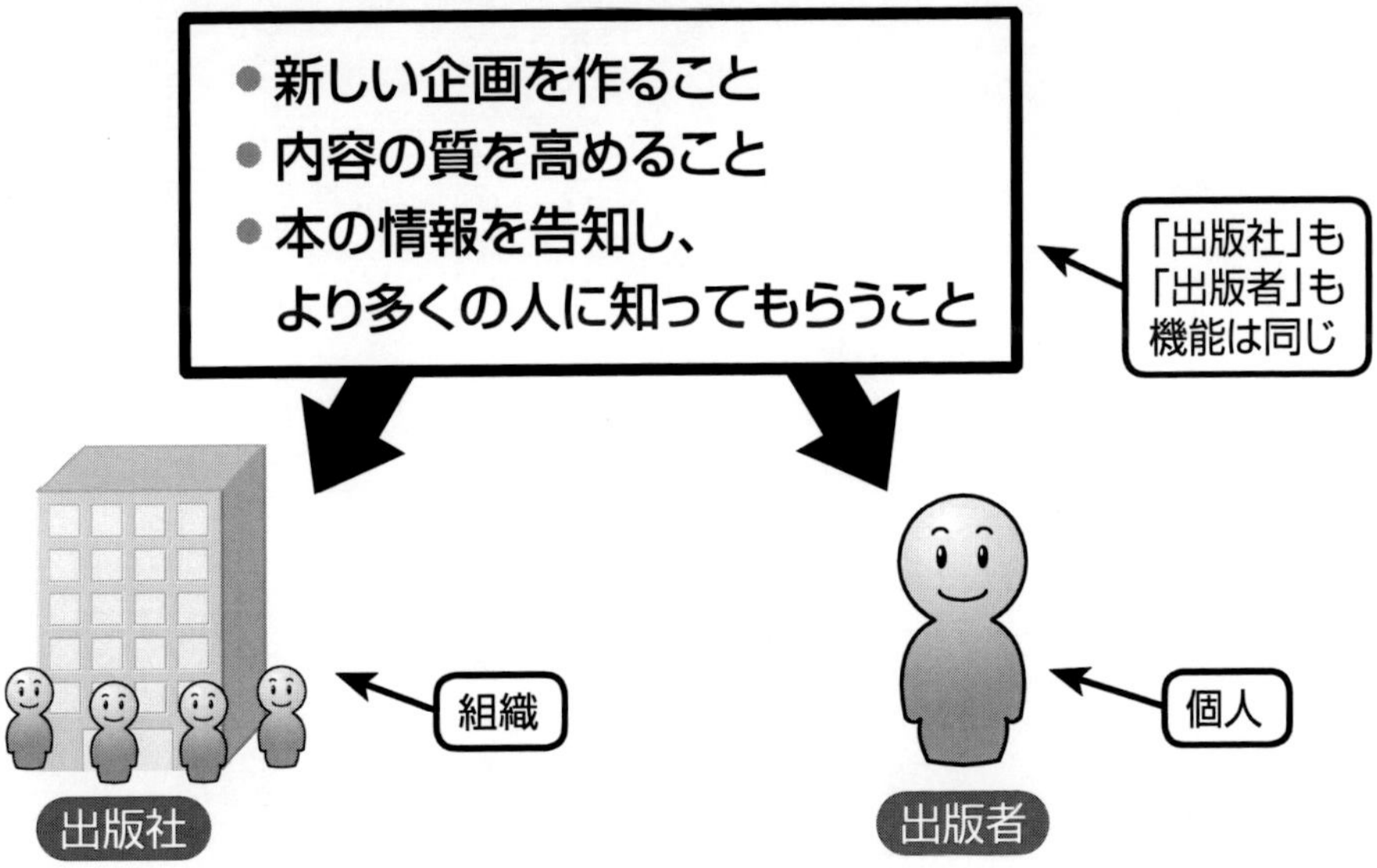

こなすために、何かを向上させていく必要があるのです。

その何かとは、何でしょうか。


ここで「出版者」という言葉に注目してみましょう。出版社が組織を指すのに対して、出版者は個人を指します。しかし、両者が有する機能は基本的に変わりありません。では「出版社」の機能とは何でしょうか。

新しい本の企画を作ること。内容の質を高めること。本の情報を告知し、より多くの人に知ってもらうこと。これらが出版社の機能です。こうした機能が、本の売り上げを作っています。「出版者」においても、その点は変わりません。Amazonなどのプラットフォーマーが肩代わりしてくれる機能もありますが、すべてというわけではありません。残りの機能については、自身で行う必要があります。そして、その機能こそが武器として使いこなすために必要なことです。

「そんないろいろなことをやるのは難しいだろうし、自分には無理に違いない」

そんな風に思えるかもしれません。しかし、電子書籍のファイル作りも最初はそう感じたのではないでしょうか。やったことのないものは、たいてい難しく感じるものです。実際、電子書籍のファイル作りは難しいものではありませんでした。出版者がやるべきことも、一つ一つとってみれば同じようなものです。その一つ一つを積み重ねていけば、いつかは「夢の本」にたどり着けます。

夢の本を作ろう

「夢の本」とは何でしょうか。それは3つの円が重なる本です。

円の1つ目は「好きな本」。自分の理想と呼べる本やワクワクを感じられるような本です。せっかく自分で自由に出版できるのですから、好きな本を作りたいところです。しかし、この目標だけでは行き詰まる

3つの要素が重なる「夢の本」

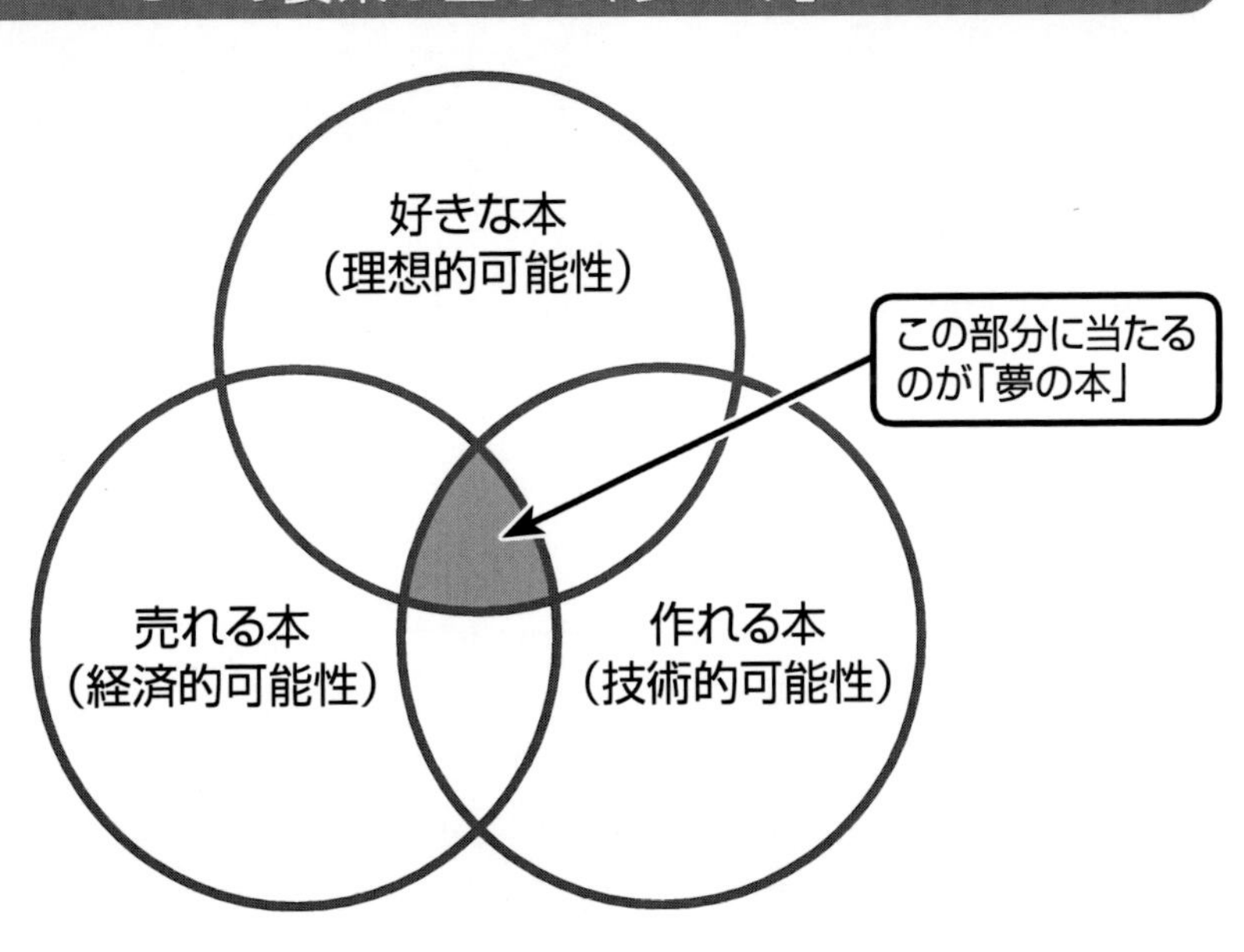

可能性があります。

2つ目の円は「作れる本」です。自分で作るのですから、自分で作れなければいけません。いくら理想が高くても、技術が追いつかなければ実現は不可能です。ただし、他の人を巻き込むことができれば、本当の意味で「自分で作れる」必要はありません。他の人に依頼することも、出版者としての選択肢になります。

最後の円が「売れる本」です。どうせ作るならば、1人でも多くの人に読んでもらいたい。そう考えるのは欲深いことではないでしょう。不特定多数に読んでもらいたいのか、自分と同じような境遇の人に読んでもらいたいのか、似た価値観を持っている人に読んでもらいたいのか、方向性はさまざまでしょうが、伝えたい人の手に渡るようにするのは意味があります。

好きで・作れて・売れる本。この3つの円が重なるのが「夢の本」です。理想的可能性・技術的可能性・経済的可能性が合わさった本といえるかもしれません。こんな本が作れたら、実に素晴らしいでしょう。人生の時間を投下するだけの価値がありそうです。

個人が行うセルフ・パブリッシングだからこそ、「夢の本」を目標にしてみましょう。しがらみの少ない個人だからこそ、たどり着ける場所があります。数字について誰かから追い立てられることもありませんし、半期ごとの売り上げを株主に説明する必要もありません。自由に、自分のやりたいことを追求できます。

もちろん、商品の売買において売り上げの多寡は重要です。しかし、重要だからといって、「売れる本」だけを意識して本作りを行うのはつまらないものです。そうしたことは、売り上げを気にしなければいけない企業に任せておきましょう。かといって、せっかく作ったのにまったく読まれないのはもったいありません。それぞれの要素がバランス良く成立しているのがベストです。

残念ながら、1冊目の本が「夢の本」になることはないでしょう。始めたばかりのときは、「作れる本」の面積も小さいでしょうし、どんなコンテンツが「売れる本」になるのかも把握できません。当然、それらが重なる本を実現できる可能性はかなり小さいでしょう。

さらに競争相手の存在も忘れてはいけません。どのような市場でも、それが開かれていればライバルが存在します。そして、そのライバルもいろいろ工夫を重ねてきます。自分ひとりだけのゲームではないということです。

それらも加味した上で、「夢の本」を作ろうと思えば、一つ一つの円を大きくしていくのが一番の近道です。円同士が重なる部分が大きくなるほど、「夢の本」を実現できる可能性が高まります。

長期的な視野で本作りに取り組み、「夢の本」を作れる出版者になる。それが本書が掲示する出版戦略です。

では、「夢の本」に近づくための、あるいは武器として使いこなすためのスキルについて確認してきましょう。

本章では、本格的な本作りの第一歩目として「企画」作りを取り上げます。その他のスキルについても、後続の章で解説していきますので、焦らず一歩一歩進んでみてください。

セルフ・パブリッシング本の「企画」

本作りの最初の一歩

「どんな本を作りますか?」

簡単にいえば、企画作りとは、この問いに答えていくことです。

どんな内容なのか、誰に向けて書かかれているのか、価格はいくらか、ボリュームはどのぐらいか、発売日はいつなのか。企画作りでは、こうした本に付随する要素を決めていきます。これから作る本の目標地点を定めるといってもよいでしょう。

目標地点がなければ、そこに向けて出発することはできません。本作りでも同様です。企画が判然としていなければ、いつまでたっても中身作りには進めません。逆にいえば、企画がはっきりと決まった段階が、内容作りへのスタート地点となります。その意味で、企画作りは本作りの「最初の一歩」です。

また、別の側面から見れば、企画作りは「本の骨格作り」でもあります。その骨格を中心にして肉付けが行われ、全体が出来上がります。もし骨格が歪んでいれば、完成物も歪んでしまうでしょう。本も同様で、企画によってコンテンツの価値はずいぶんと変化します。扱っている内容は同じでも、企画によってそれが活きたり死んだりしてしまうのです。本の最終的な価値は企画が決める、といっても過言ではありません。

ちなみに、本の価値（ブックバリュー）に影響を与えるものは、複数存在しています（下図参照）。

「テーマ」や「コンセプト」は理解しやすいでしょう。その本の主題や意図のことで

す。それ以外のボリュームや価格、それに文体といったものも本の価値を構成します。企画を作る場合は、これらの要素全体に配慮しなければいけません。

さて、企画についてわかったところで、次は実際に企画作りに取りかかってみましょう。と、いいたいところですが、その前にセルフ・パブリッシングで制作する「電子書籍」について考えておきましょう。

ブログで人気の記事であっても、それをそのまま紙の本にしても同じような人気が得られるわけではありません。媒体ごとに、適切なコンテンツの形は変わってきます。セルフ・パブリッシング本は、紙の本とブログメディアの間に位置しており、両者とは微妙に違った独自の特徴を持っています。その特徴を把握しておけば、企画を考える際に役立つでしょう。

セルフ・パブリッシングが活きる企画

紙の本とセルフ・パブリッシング本には、いくつかの違いがあります。その違いを生み出すのは、作り手および読み手が置かれている環境です。

第1章でも紹介したように、セルフ・パブリッシングにおける作り手は、自由自在に、スピーディーかつ低コストで本作りに臨めます。企画に対するリスクが低いこと。これが紙の本作りとの大きな違いといえるでしょう。

また、読み手（買い手）は、ネットで簡単に購入でき、スマートフォンを使って隙間時間に少しずつ読み進めることができます。その特徴から重厚なものよりも読みやすい内容が、そして低価格なものが好まれます。このあたりはネットで消費される情報と似た特徴があります。

こうした傾向を踏まえると、セルフ・パブリッシングで活きる企画として、次の3つの特徴が浮かび上がってきます。

- ファストコンテンツ
- コンビニブックス
- ニッチコンセプト

ファストコンテンツ

ファストコンテンツとは、速度を意識したコンテンツです。

世の中にはファストフードと呼ばれる飲食店が存在しますが、そのコンテンツ版と考えればよいでしょう。時代性にマッチしたコンテンツを最適な速度で発売する。どれだけ長く読み継がれるかよりも、いかに素早く情報を提供できるかを目標にしたものです。方向性としてはブログに近いかもしれません。

たとえば、政府が新しい経済政策を発表したら、それを補佐する経済理論や警鐘を鳴らす意見を紹介する。あるいは、大規模な詐欺事件が起きたら、そのからくりと対処法を紹介する。人気のウェブサービスが出てきたら、操作説明に加えて使い方を提案してみる。そうしたスピード感を持ったコンテンツ展開がセルフ・パブリッシングには向いています。紙の本よりも素早く、ブログよりもまとまりを持ったコンテンツ。そんな紙とブログの中間のニーズを埋めるのが、ファストコンテンツの考え方になります。

また、出版までの速度だけではなく、読み切るまでの時間についてもファストである方がよいでしょう。つまり、ボリュームを抑えるわけです。量が多いコンテンツは、読み終えるのに時間がかかるだけでなく、ボリュームの多さに圧倒されて「読む気が湧かない」と先送りされてしまうことも珍しくありません。最適なタイミングで消費されてこそ価値がある情報であれば、ボリュームを抑えて、読み切るための時間も短くした方が望ましいでしょう。

こうしたコンテンツは、時間をおいてから情報を追記したり、その他の情報と関連づけたりして、新しいコンテンツとして再利用も可能です。一つ一つの企画が低コストで作れることを最大限に活用したコンテンツ展開法といえるでしょう。

コンビニブックス

コンビニブックスは、名前の通り「便利な本」です。

「便利さ」にもいろいろありますが、一番わかりやすいのは「実用的な本」でしょうか。テクニックやノウハウを伝える本は多くの人に必要とされます。思想や抽象概念を扱う本に比べて、手に取ってもらえる可能性は高いでしょう。これはブログの人気記事の傾向にもよく出ています。

別の「便利さ」としては、「利便性の高い本」があります。コンビニが狭い店内にさまざまな商品群を並べるように、ボリュームを抑えながらも必要最低限の知識や情報を揃えた本です。ガイドブックやリファレンスを思い浮かべてもらえばよいでしょう。取扱説明書もここに位置付けられそうです。また、便利な情報を提供してくれる情報源をまとめた本も、一種の便利な本といえます。

「いつでも持ち歩ける」のが電子書籍の特徴の1つですから、こうした「便利な本」が活躍する場面は多いでしょう。

ニッチコンテンツ

ニッチコンテンツとは、対象が限定的なコンテンツのことです。あえて対義語を出せば、マスコンテンツとなるでしょうか。マスコンテンツが数万以上を対象としているのに対し、数千、ないしは数百単位の読者を想定した本がニッチコンテンツです。

このぐらいの読者数では、通常は紙の本のマーケットには乗りません。しかし、需要がゼロというわけでもありません。そうした隙間(ニッチ)のコンテンツを攻めていけるのが、低コストのセルフ・パブリッシングならではの戦略です。

Kindleストアには、出版社が作った紙の本の電子書籍版も並んでいますが、ニッチコンテンツは、そうした本と競合することがありません。マス向けのコンテンツは、高い売り上げが望めるものの、競合相手も多くなることは考慮に入れておいた方がよいでしょう。

セルフ・パブリッシングで企画を考える場合は、この3つの特徴を踏まえておくとよいでしょう。本作りだからといって、なまじ紙の本を意識しすぎると、企画として中途半端なものが出来上ってしまいます。

もちろん、企画は自由に立てられますので、これらの特徴を無視した特異な本を作ることもできますし、それが売れることも充分にあり得ます。マーケットは想像力の分だけ、豊かさを持っているものです。しかし、とっかかりが何もないのならば、これらの特徴から取り組んでみるとよいでしょう。

コラム

ドラッカーが教える「起業家戦略」

本の企画について考えるとき、ドラッカーが教えるいくつかの「起業家戦略」が大変参考になります。ドラッカーはその著書で、次の4つの戦略を提示してくれています。

- **総力戦略**
- **ゲリラ戦略**
- **ニッチ戦略**
- **顧客創造戦略**

総力戦略は、企業規模の出版社だけが行える大きな戦略なので、個人の出版者はスルーしておきましょう。ゲリラ戦略は、相手の弱点を突くような戦い方、ニッチ戦略は小さすぎて他の誰も手を出してこない領域の支配、顧客創造戦略は新しいニーズを作り出す戦略です。

個人として一番簡単に行えるのがニッチ戦略です。また、これまでの出版社が速度対応できていなかったコンテンツや、タブーとして扱ってこなかったコンテンツを扱えばゲリラ戦略になるでしょう。

最後の顧客創造戦略が、一番可能性の大きい戦略ですが、「作れる本」の円が狭いうちはあまり現実的ではないでしょう。まずは、ニッチから着実にこなしていくことです。

企画作成の考え方

手持ちのコンテンツから考える

セルフ・パブリッシング本の特徴を捕まえたところで、いよいよ企画作りに取り組んでみましょう。

企画案という山頂に至るまでの道のりには、複数のスタートラインがあります。どこから始めても間違いではありませんが、まずはコンテンツのコアとなる「コンセプト作り」から始めてみるのがよいでしょう。特に、そのコンセプトを「自分が作れる本は何だろうか」という問いかけから見つけ出せば、さほど迷わなくて済むはずです。

さて、皆さんはどんな本が作れるでしょうか。

それを見極めるために、自分が持っている「コンテンツ」の棚卸しをやってみましょう。

有している知識、知っている情報、鍛え上げたスキル、蓄えたノウハウ。そういったものはいくらでも本のコンセプトに使えます。職業的にレベルアップしたものもあれば、趣味的に向上したものもあるでしょう。対象は何でも構いません。

仮にそういうものを何ひとつ持っていないとしても大丈夫です。興味を持っていること、これから取り組みたいことも充分にコンセプトとして成立します。何も知らない状態から、何かを学んでいく過程をアウトプットとしてまとめれば、それで本の完成です。たとえば、ダイエットにチャレンジするなら、どういう情報を入手して、どんな行動を取り、どういう失敗をしたのか、そしてどんな対策を取ったのか。それらをまとめたら『知識ゼロからの○○ダイエットチャレンジ』なんて本ができるでしょう。

あるいは、手持ちのコンテンツを再確認してみる方法もあります。過去に書いた文章や作成したコンテンツはないでしょうか。もし、そうした「素材」があれば、手早く本を作ることができます。

こうしたものは、頭で考えていてもらちが明かないので、紙に書き出してみるのをお勧めします。箇条書きで並べていくのも良いですが、マインドマップという手法を使えば楽に連想を広げていけます。中心に自分の名前を書き、そこから「知識・スキル・趣味・興味」といったノード（枝）を伸ばし、そこに思い付くことを書き出していきます。やってみるとわかりますが、言葉通り「芋づる式」にいろいろなものが掘り出されてくるはずです。

何にせよ、この段階では「売れるかどうか」を考えないでおきましょう。そうしたことがチラリでも頭をよぎると、なかなか頭の中のものが出てき

◉手持ちのコンテンツをマインドマップで書き出す

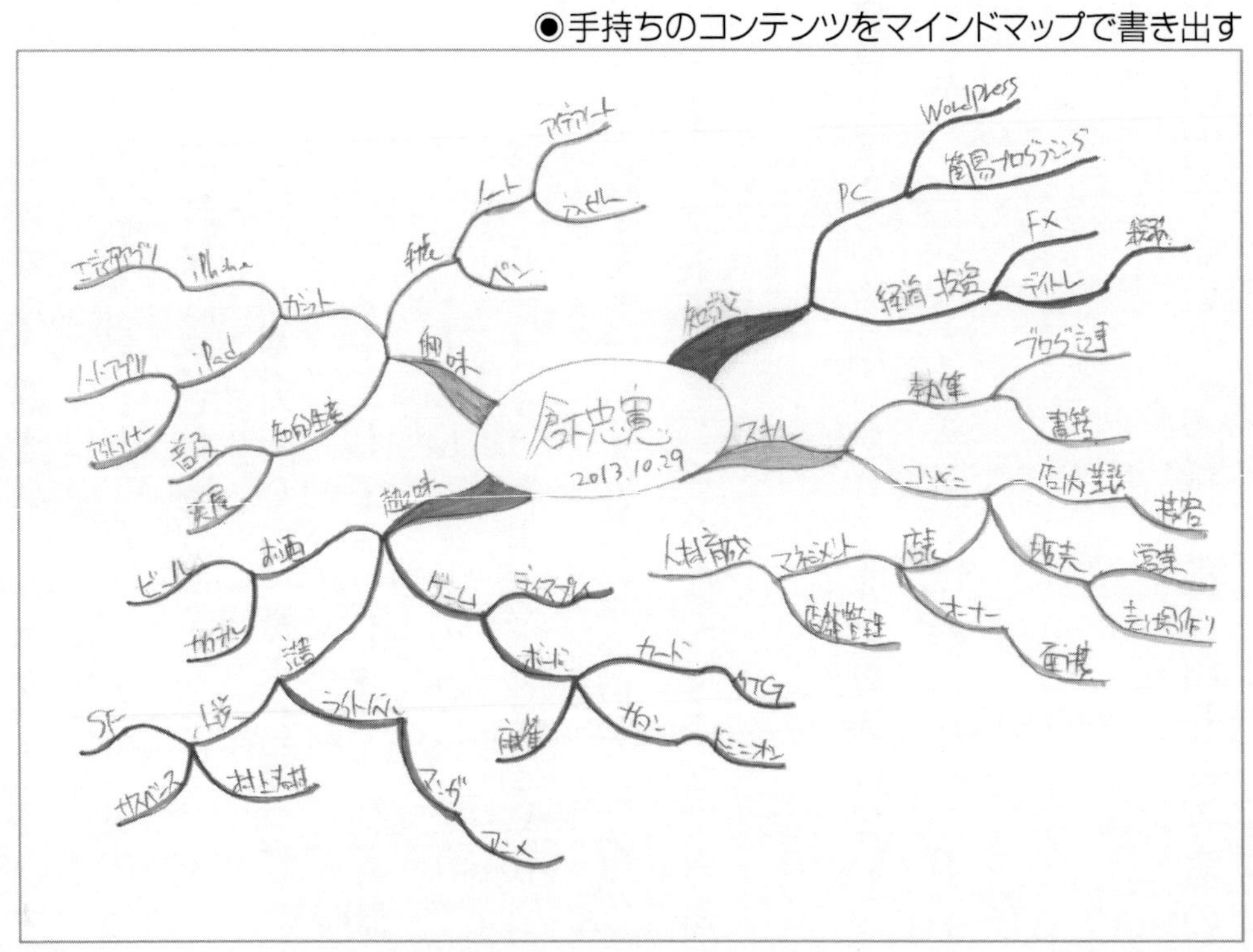

てくれません。まずは、使える素材を確認することが大切です。

読者に渡すコンセプト作り

私が書いたマップを見てみると、「ブログを書くこと」や「コンビニ店長のノウハウ」といったものがコンテンツなりそうです。今こうしてやっている「本を書くこと」も入るでしょう。あるいは、iPhoneのテキストエディタアプリの紹介や、ライトノベルの面白い本を紹介する、といったものもコンテンツ予備軍です。

コンセプトは大げさなものである必要はありません。自分にとって身近なもので充分です。もちろん、「国家戦略」や「日本文学研究」が自分にとって身近ならば、それでもよいでしょう。あるいは、実用書やノンフィクションではなく、小説などの物語をコンセプトに選ぶこともできます。新人賞と違って審査員はいませんので、書きたいように書いた小説を本にすることができます。

いくつかコンセプトの種となるアイデアが見つかれば、次にそれを膨らませてみます。

実例として「コンビニ店長のノウハウ」を取り上げてみましょう。

実は、店舗経営に必要な知識は本1冊分以上あります。また、私が実務経験の中で得てきたノウハウも決して少ないものではありません。それらをまとめれば「役立つ」本ができることでしょう。2、3冊ぐらいは作れそうです。

では、その本は「誰が」読むのでしょうか。「なぜ」読むのでしょうか。「何を」欲して読むのでしょうか。

こういったことを考えるのが次なる段階です。お堅くいえば「想定読者」や「対象読者」の設定作業です。

「本」は、一側面から見れば「売りもの」ですが、別の側面から見れば「贈り物」でもあります。自分で本を作って、自分の本棚だけに飾っておくならば、読む人のことを考える必要はありません。しかし、本が意味を持ち得るのは、誰かの手に届いて、実際に読まれたときです。著述作業は作者ひとりだけで完結し得ますが、本は読んでくれる読者あって完成するものです。それを意識して、コンセプトを具体化していきます。

「コンビニ店長のノウハウ」であれば、コンビニなどの小売業の店長業務に従事している人で、これまで管理職をやったことがない人が対象になるでしょう。そういう人は、店内業務に関する知識はあっても、年間を通した目標管理や、人材育成についての知識が足りないかもしれません。それを提供できれば、読者のニーズが満たせます。さらに、コンビニ店長は忙しい人が多いので、あまり大量に詰め込むと読まれないかもしれません。5分程度で読めるコンテンツを集めたものが好まれそうです。このように対象となる読者をイメージすると、コンセプトが徐々に企画案に近づいていきます。

また、店長が必要とはしない店内業務に関する知識も、コンビニスタッフなら必要としているでしょう。スタッフは若いアルバイトからパートさんまで幅広い年齢層に広がっているので、たとえば、漫画を使うことで読んでもらえる本が作れるかもしれません。

このように、手持ちのコンテンツとそれを読む人をつなげられるように、企画を固めていきます。

このあたりまでアイデアが膨らんできたら、一度、仮のタイトルを付けてみましょう。『初心者店長におくる店舗運営のノウハウ50』こんなタイトルでも付けておけば、自分の中で企画がより具体的になっていきます。最終的な本の形をイメージできれば、実際にコンテンツを作成する弾みにもなるでしょう。最終的なタイトルは全体が完成してから決定すればよいので、企画案の段階でも仮決めのタイトルを付けておきましょう。

さて、この『初心者店長におくる店舗運営のノウハウ50』(仮)は、どのくらい売れるでしょうか。もう少しいえば、どのぐらいの市場規模があるでしょうか。

日本全国には、約5万店のコンビニがあるといわれています。また、コンビニに似た小売店の数も少なくありません。ざっくり計算しても5万人の店長は見込めます。仮に100人に1人が、その本に興味を持ってくれたとしたらどうでしょうか。5万人×0.01で500人。それほど悪い数字ではありません。

しかしながら、500人というのは、紙の本ではマーケットとして成立しにくい規模です。つまり、セルフ・パブリッシングで攻めがいのある分野といえるでしょう。

今回はコンビニを取り上げましたが、営業のノウハウ、家事の工夫、文房具のマニアックな話など、ニッチなコンテンツ材料はいくらでも転がっています。極端にニーズを外していなければ、100から500人程度の読者数は充分に見込めます。

このようなコンセプトを複数作り、そこから売れそうなものを選んで、実際に作成する作業に取りかかることになります。ただし、1点だけ注意があります。それは、「売れる」にもいくつかのパターンがある点です。

「売れる」本の捉え方

本の売れ方には、さまざまなパターンがあります。ベストセラーだけが「売れる本」ではありません。

イメージしやすいように、コンビニの商品で考えてみましょう。コンビニ商品の品揃えにはおおよそ4つの区分けがあります。「新商品」「人気商品」「定番商品」「必須商品」の4つです。

「新商品」は、言葉通り、発売されたばかりの商品。中身はともかく、新しさがアピールポイントです。「人気商品」は、そのときホットなテレビで取り上げられ、人気が大爆発しているような商品を指します。「定番商品」は、そのカテゴリーならばすぐに思い浮かべる商品です。コカコーラやカップヌードルが定番商品の好例でしょう。最後の「必須商品」は、売れ行き的には目立たないものの、欠品してしまうとお客さんをがっかりさせてしまうような商品のことです。ガムテープ、電池、祝儀袋などがそれにあたります。店内の商品構成を考える上では、こうした商品群のバランスを考慮しなければいけません。人気商品しか置いていないコンビニは、まったく便利ではないのです。

本の企画を考える場合でも、同じように考えてみるとよいでしょう。これまでまったく存在しなかった本なのか、あるいは話題性の波に乗った本なのか、そのジャンルで長く読まれるような本なのか、「これがなければダメ」と評される本なのか。これによって企画の形も変わってきます。

瞬間的な売り上げを考えれば、話題性の波に乗るのが一番でしょう。しかし、販売のスパンを長く捉えれば、そればかりが企画の最適解とはいえません。紙の本とは違い、セルフ・パブリッシングでは、どの本でもロングテールの売り上げを狙うことができます。書店の本棚から取り除かれたり、絶版になったりすることがないので、長期的なスパンで売り上げを考えられるからです。

広い視野を持って、企画を考えてみましょう。話題性がなさそうだからダメ、という発想はセルフ・パブリッシングでは狭すぎる考え方です。ベストセラー狙い以外の本作りも、充分に選択肢になります。

この選択は、自分の「好きな本」の円と重なるものを選択すればよいでしょう。好みに合わない本作りは長く続きませんし、続かなければ夢の本にたどり着くこともありません。何が正解かを問うよりは、どんな本を作るのが好きなのか、から判断することです。

このあたりまでくれば、コンセプト以外の要素も決められるようになります。読む人がイメージできていれば、ボリュームや文体は自然に決まるでしょう。話題性を求めるならば、発売日はなるべく早くがよいでしょうし、「必須商品」狙いならば、じっくりと取り組むことができます。クロスワードパズルのように、1つの要素を決定すれば、その他の要素もそれに付随して決められるようになっていきます。

以上のようにして企画を固めていきましょう。

価格についての考え方

その他の要素が決定できても、埋まりにくい要素が1つだけあります。それは本の「価格」です。電子書籍に限らず、自分の作ったものに値段を付ける行為は簡単ではありません。

紙の本であれば、紙や印刷代など物に関わる代金、在庫を保存しておいたり、あるいは売れ残りを見込んだ在庫コスト、取材費・イラスト・編集など情報に関わる経費、そして販売促進や物流に関わるコストが「原価」を構成します。そこに利益を上乗せした数字が「価格」です。

セルフ・パブリッシングで作成する場

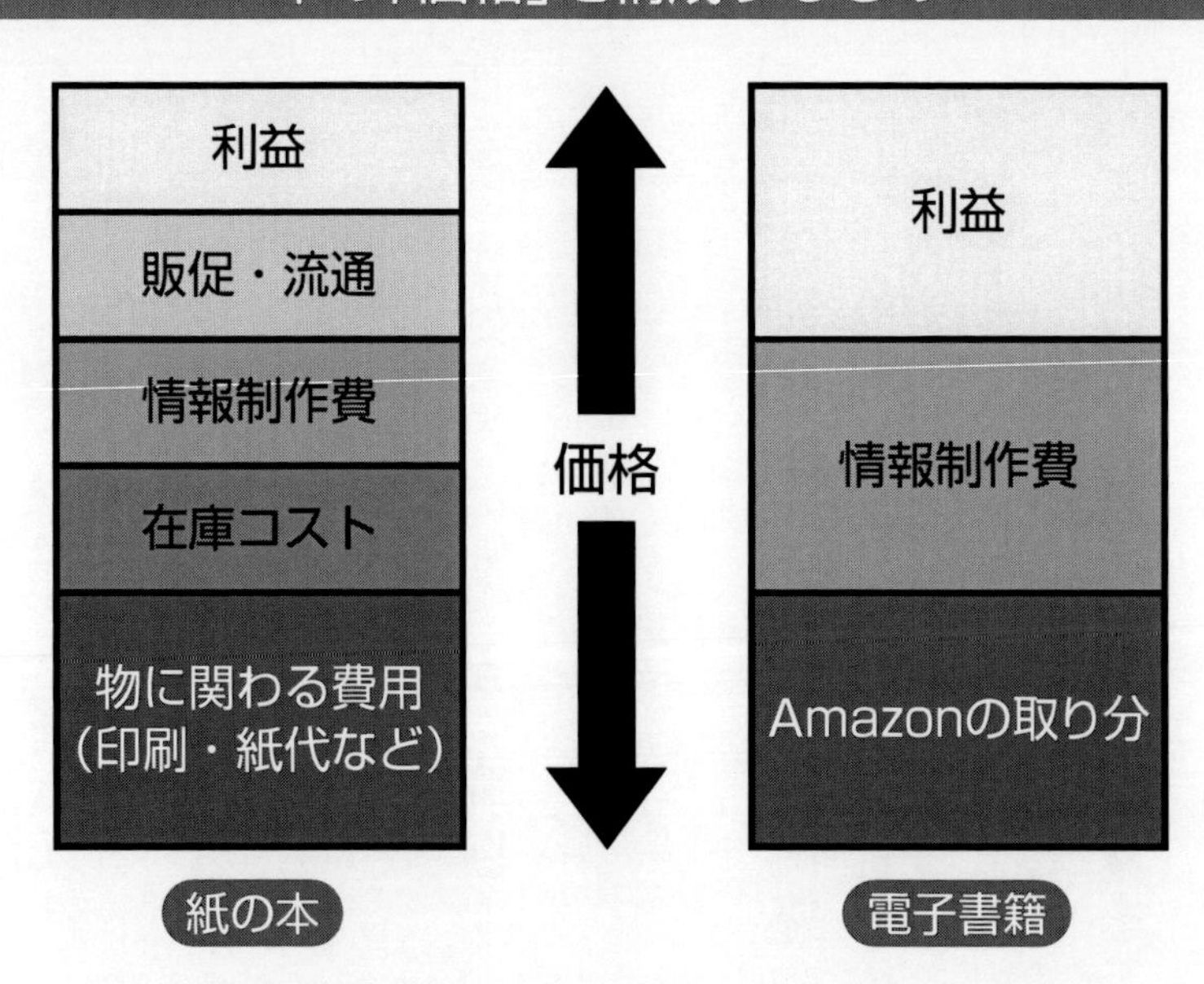

合、紙の本に比べると「原価」はぐっと低くなります。「物」に関わる費用はゼロですし、売れ残りの心配をする必要もありません。データを作成するための費用と、流通コストの代わりにAmazonが持っていく手数料が「原価」を構成します。

その「原価」に「利益」を加えれば、価格が決まるわけですが、一体どのぐらいの「利益」を設定すればよいのでしょうか。

別の見方をすれば、自分のコンテンツや作業にどのぐらいの価値を設定すればいいのでしょうか。これはなかなか難しい問題です。紙の本は、物としてのコストがあるので、ボリュームが多い＝価格が高い、という図式が成立していました。しかし、電子書籍ではこの図式が成り立ちません。本の中身である「情報」の価値と、「作業量」だけが価格に影響を与えます。そして、そのことがさらなる問題を引き起こします。

電子書籍は、紙に印刷された本と違い、内容のアップデートが可能です。中身のデータを最新版に差し替えることができるのです。

たとえば、何かソフトウェアの解説本を出版したとしましょう。その後、そのソフトウェアがバージョンアップし、操作方法が変更になったとします。紙の本であれば版を重ねるときに、内容を改訂して出版することになります。古い本は古い本のままとして、新しい本を作るわけです。一度、印刷され、売りに出された本に関しては内容は固定されています。しかし、電子書籍では古い本の中身を変えることができます。新しい本を作らずに、最新の内容に差し替えられるのです。当然、常に最新版に内容を合わせた方が、読者にとってよりよい本になることは確かでしょう。問題は、ここから発生します。

昨今のソフトウェアは高い頻度でバージョンアップが発生します。それらに一つ一つ対応させていくのは大変な手間です。しかし、バージョンアップ作業そのものには料金が発生しません。内容を最新の状態に維持しておくことで、新しい売り上げを作れる効果はあるかもしれませんが、今まで買ってくれた人からアップデート料を徴収することはできません。つまり、作業代金はタダなわけです。

もし、長期的に内容をアップデートしていくことを想定している場合、その作業量も見込んで価格に上乗せしておかないと、売り上げにつながらない作業を延々と続けていくことになります。もちろん、最初からアップデートをまったく想定せず低価格で売り出す価格戦略もあり得ますが、その場合、売り上げが作れるのは短期間に限定されるでしょう。

どちらにせよ、本の価格を考えるのは簡単なことではありません。企画の中では一番難しいと感じることもあるでしょう。

どうしても決められない場合は、作ろうとしている本の同ジャンルの本の価格帯を調べましょう。ジャンルとは、小説やノウハウ本といったくくりのことです。同じジャンルでは、似たような価格が付けられていることが多いので、その付近に値段を設定しておけば、買う人に「この本は高すぎる」という印象を与えることは避けられます。

もちろん、これは消極的な価格設定の方法でしかありません。本来は、企画内容に応じた価格を自分で決めるのが出版者の仕事です。たとえば、多くの人に読んでもらえそうならば、低めの利益でも低価格にする。あるいは、読んでくれる人は少ないが確実に読んでもらえる内容なら、高い利益を見込んだ価格設定する。最終的には、こうした主体的な価格設定を行えるようになりたいところです。しかし、最初は悩みすぎずに同ジャンル本の価格帯からスタートして、感触を確かめてみるのが無難かもしれません。

コラム 完成させたければ「発売日」を決める

企画を作る上で、ぜひとも決めておきたいのが「発売日」です。締め切りを決めるといってもよいでしょう。仕事で上司から命令されているならともかく、セルフ・パブリッシングは自分だけの作業です。いくらでも時間をかけることができますし、いくらでも先送りすることができます。

個人的な経験も踏まえていうと、発売日を決めなければ作業はちっとも進みません。日常的にやることは他にもいっぱいあるからです。

さて、適切な締め切りとはどのぐらいの期間でしょうか。1冊の本の作成にかかる時間から考えてみます。単純に考えれば、総文字数÷1日に書ける文字数、で日数が計算できるでしょう。ボリュームが決まれば、発売日が決まるわけです。仮に3万字程度のボリュームであれば、1日500字書けば2カ月ほどで完成します。余裕を見て、企画作成から3カ月後を発売日とすれば問題はないでしょう。

もちろん、予定は未定であり、たいていの計画はうまくいかないものです。しかし、発売日を設定しないことには、こうした計算をすることすらできません。発売日を決めることは、「いつか本を書こう」という曖昧な目標を、「今日は○○文字書く」という具体的な行動目標へと変換することです。ぜひとも、企画を考える際には、発売日も決めてしまいましょう。

企画アイデアのヒント

ここまでで、簡単に企画の作り方を紹介しました。他にもいくつかのアプローチが考えられます。

ブルーオーシャンへの鍵

本当は「こんな企画なら絶対に売れます」というヒットの方程式を紹介したいところですが、残念ながらそのようなものは存在しません。もし、それが存在するなら潰れる出版社は1つもないでしょう。それに、仮に存在したとしても皆がそれを使うようになれば、差別化の要素は消え去ってしまいます。「絶対に売れる」というような煽り文句は、空想の中だけにしか存在しません。

『ビジョナリーカンパニー』（ジム・コリンズ著、ジェリー・I・ポラス著、日経BP社）という本の中に、「時を告げるのではなく、時計を作る」というフレーズが出てきます。本の企画に置き換えれば、売れる企画を教えてもらうのではなく、自分でそれを考えられるようになる、となるでしょうか。

「売れる企画の方程式」が伝授されなくても心配する必要はありません。自分で企画をゼロから作れるようになればよいだけです。それができれば、試行錯誤が可能になります。闇の中を手探りできるようになるわけです。そうすれば光が差していなくても、いつかは自分でそれをつかみ取ることができるでしょう。

必要なのは、企画の考え方と実際に考えるため力です。それが得られれば、自分の頭がいつでもアイデアの源泉になります。それこそが、多数の競合相手が存在するレッドオーシャンから抜け出すための鍵となるでしょう。

では、企画の考え方をいくつか紹介しておきます。

「作れる本」以外からのスタート地点

最初に紹介したのは「手持ちのコンテンツ」から企画を考える方法でした。他には「流行」から企画を考える方法もあります。話題性の高さをスタート地点にしてしまうわけです。

学びは模倣から始まるといいますが、売れ筋商品をお手本にすれば企画作りの練ます。

習になるでしょう。何度か繰り返していくうちに、「売れる本」の円も広がっていき

書店に行って、実際に売れ筋になっている本を探してみましょう。最高の実例がたくさん並んでいます。他にもテレビや雑誌から話題の流行を探ることもできます。もちろん、それをそのまま利用したのでは、単なる剽窃（ひょうせつ）でしかありません。あくまで、それをベースにして自分なりの企画を考えていきます。表現を変えれば、発想のヒントにするといってもよいでしょう。

たとえば、『○○教室』という本がヒットしているなら、似たようなタイトルで自分なりに何か作れないかを考えます。『白熱コンビニ教室』なんてどうでしょうか。発想としては稚拙ですが、一応、新しい企画としては成立しそうです。

こういうアプローチは出版業界でも珍しくありません。似たようなタイトルの本を書店の新刊コーナーで見かけることがあるでしょう。しかし、タイトルは似ていてもコンテンツの方向性は違っているものが大半です。ようは、読者の興味を惹きやすいタイトルの付け方として採用されているのです。これも1つの技術なので、学んでおいて損はないでしょう。

また、タイトルを変えるだけではなく、対象としている読者をズラす方法もあります。女性向けならば男性向けに、子ども向けならば大人向けに、日本人向けなら外国人向けに、と対象をシフトさせれば新しい企画が立ち上がってきます。これも企画の考え方の1つの方法です。

ちなみに、少しぐらい流行が動いても「お金」「ダイエット」「整理整頓」に関してはニーズがなくなることはない、という話をとある編集者さんから聞いたことがあります。こうした外しにくいテーマで、自分が何か書けないかを考えてみるのもよいでしょう。自転車の練習をするときに、補助輪を付けるようなものです。逆に、こうした制約があった方が、発想が進む場合もあります。

この方法で作った企画は、もしかしたら「好きな本」ではないかもしれません。しかし、何度かはその本を作ってみることです。いきなり「夢の本」にたどり着くことはできません。本がどのように売れるのかを知っておくことは、その後の本作りにも影響を与えます。

あるいは、「好きな本」ではあっても「作れる本」ではないかもしれません。自分自身の手には負えないコンテンツということです。そういう企画は、暖めておいてもよいのですが、他に書ける人がいないかを探すこともできます。インターネットにはさまざまな書き手が存在するので、自分が作りたいと思っているコンテンツを持っている人に相談を持ちかけ、原稿を依頼してみるのもよいでしょう。

その場合、価格決定がさらに難しくなることはいうまでもありません。売り上げを互いで折半するのか、それとも原稿料という形で一定金額を支払うのか。そうしたことも含めて、企画をまとめる必要があります。

価格から考える

先ほどから何度か「価格を決めるのは難しい」という話が出てきました。であれば、逆に価格を土台にして企画を考えることもできます。一番わかりやすいのが「ワンコインシリーズ」でしょう。500円ならば、500円と先に価格を決め、それに見合うような中身にしていくわけです。

価格が決まれば、買う人の層もおおよそ見えてきます。ボリューム感も決まってくるでしょう。100円程度なら、1時間ほどで読み切れるコンテンツ。500円なら充分に読み応えがあるコンテンツと、最初に割り切って作り始めることができます。また、販売部数を想定すれば、売り上げ金額も計算でき、そこから「どれだけコストをかけられるか」も算出できます。

先に価格を決めてしまうと、企画を考える上で窮屈になりそうな気がするかもしれませんが、実際はそれがテンプレートのような働きをして、その他の要素を決めやすくなります。

1冊の本しか作らないのならばともかく、複数の本を作っていくのならば、価格から企画を考えるアプローチも覚えておくとよいでしょう。たとえば、100円シリーズ、250円シリーズ、500円シリーズと3種類ほどのテンプレートを準備しておき、それぞれ想定文字数を決めておけば、企画に盛り込める内容も必然的に決まってきます。いろいろ悩んでしまうならば、こうしたテンプレートを活用するのも一手です。

すぐに使えそうな企画のひな形

ここまでで、いくつか企画の考え方を紹介しました。ともかく、これらを自分で実践するのが肝です。発想や考え方は、実践の回数を増やしていけばいくほど、脳に定着します。理屈だけ覚えても、実践には何ら寄与しません。まずは、自分で10個の企画を立ててみましょう。

いくつかのキーワードをヒント代わりに挙げておきますので、ここから企画を考えてみるのもよいでしょう。

- 入門書(プログラミング言語・遊技・スポーツ)
- 解説書(ニュース・用語・マニュアル)
- 工夫集(勉強・仕事・家事)
- 紹介集(レシピ・食事・書籍・アプリ)
- ゲーム(ルールブック・攻略本)
- 教養書(サイエンス・文学・経済)
- 小説(短編小説・ショートショート)

セルフ・パブリッシングで、どれぐらい自由な本作りができるのかの実例を紹介しておきましょう。

▶マヨネーズ

http://www.amazon.co.jp/dp/B00B50XE9I/

「マヨネーズづくし」という非常に変わった小説です。前衛小説や実験小説に分類できるでしょう。ある意味では、日本語に対する挑戦ともいえる作品です。

▶架空の歴史ノート-1 帝国史 分裂大戦編

http://www.amazon.co.jp/dp/B00CP7Y9IK/

虚構作りとは、1人の人間が頭の中で世界を作り上げる行為のことですが、この本は空想の世界史が綴られています。一瞬、表紙を見ると首をかしげたくなるかもしれません。

▶我が名は魔性

http://www.amazon.co.jp/dp/B00CLTK3WI/

著者が14歳のときに書いた小説。これも「手持ちのコンテンツ」には違いありません。<中二病>と呼ばれる成分がたっぷり詰め込まれています。

以上の本は、セルフ·パブリッシング以外では、本になることはなかったでしょう。これまでの出版では、明らかに規格外の作品です。誰も考え付かなかったような、そんな本のアイデアに光をあてられるのがセルフ・パブリッシングの魅力です。

企画力アップのトレーニング

企画に関するアイデア発想法

本章の最後では、企画力アップにつながる「発想法」を紹介しましょう。発想法に親しめば、ありきたりな企画のアイデアにさよならを告げられます。

「発想とは何か?」というお話は拙著の『Evernoteとアナログノートによる ハイブリッド発想術』(技術評論社刊)を参照してもらうとして、ここでは企画作りに役立つ発想法と、発想力をアップするためのトレーニング方法を紹介しておきます。

組み合わせ発想法

基本中の基本とも呼べる発想法です。「アイデアとは既存の要素の新しい組み合わせ以外の何ものでもない」というジェームズ・W・ヤングの言葉をストレートに活用する方法です。手始めにはちょうどよいでしょう。

異なるものを組み合わせ、そこから新しいテーマが導き出せないかを考えます。「ドラッカー」と「ライトノベル」の組み合わせから生まれた作品は有名ですね。

実際に取りかかる場合は、「10×10方式」を使うとよいでしょう。手始めに準備として、自分の「手持ちのコンテンツ」を縦に10個書いて並べます。次に、その右側に一般的なコンテンツのジャンルを並べていきます。小説、ビジネス書、エッセイ集、実用書……など何でも構いません。準備はこれで終了です。

そうしてから、まず左の列の一番上にある要素と、右側の一番上の要素を組み合わせてみます。それが終われば右の2番目の

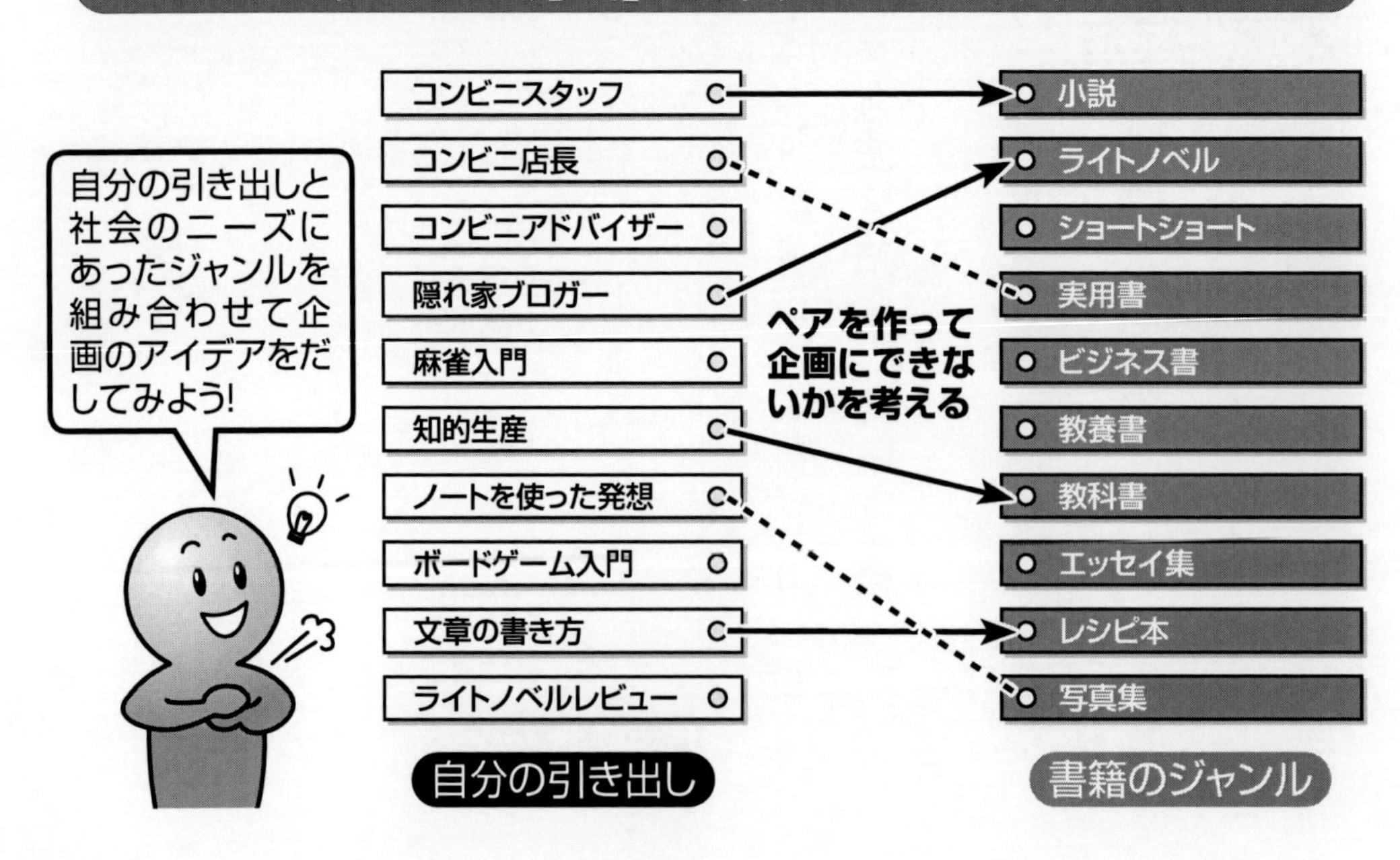

要素と、その次は3番目の要素と……といった感じで一つ一つ組み合わせを作っていきます。最後まで進めれば合計100個の組み合わせができるでしょう。

その中に、これまでに存在しなかったようなコンテンツ×ジャンルがあれば、新しい企画案が誕生します。

この手法は、右列の要素を変えれば、いくらでもバリエーションが増やせます。簡単ながらアイデアをひねり出す方法としては強力な手法です。まずは、このやり方をマスターしてみてください。

強制タイトル発想法

売れ筋作品の模倣と同じような手法です。すでに存在するタイトルの一部を変え、そのタイトルから中身を考えます。たとえば、『ハイブリッド発想術』というタイトルであれば、「ハイブリッド○○術」の○○の部分に何かを当てはめるわけです。「ハイブリッドダイエット術」「ハイブリッド書斎術」「ハイブリッド貯金術」など、いくらでも考え付くでしょう。その中で、ピンときたタイトルを選び、その中身について考えます。お手軽な手法ですが、二番煎じ感が付きまとう点には注意です。

また、先ほどの「組み合わせ発想法」と組み合わせることもできます。左側に小説のベストセラーのタイトルを並べ、右側にはビジネス書のタイトルを並べます。後は、2つのタイトルを組み合わせて、新しいタイトルを考え出していきます。

たまたま今、Amazonを見たら、小説のトップが『オレたちバブル入行組』(文藝春秋刊)で、ビジネス書が『非常識な本質』(フォレスト出版刊)になっていました。「非常識なバブル入行組」「オレたちの本質」「バブル入行組の本質」「非常識なオレたち」と4つほどタイトルが作れそうです。こうして、どんどん新しいタイトルを発想していき、良さそうなものを選びます。

アイデアトリガーリスト

企画作りに行き詰まったら、次に紹介するチェックリストの項目に一つ一つ取り組んでみてください。たとえば、「逆から考える」ならば、開始時点ではなく終了時点から考えたり、売る立場なら買う立場になって考えるということです。他にも解釈の余地はいろいろあります。

こうしたチェックリストは、考えが一方向に偏ってしまっているときに、それを強制的に別の方向に動かす働きがあります。新しいアイデアが出てこなくなったら、チェックリストを確認し、脳に新しい風を吹かせましょう。

❶逆から考える
❷視点を動かす
❸続きをイメージする
❹極端に短くする
❺不必要なものを加える
❻似たものを探す
❼古典か辞書を読む
❽別のもので代用する
❾別の利用法を探す
❿1カ所だけ変えてみる
⓫デメリットをメリットに変える

⓬言語を置き換える
⓭言葉以外を使う

アイデア力の鍛え方

技法としてのアイデア発想法を学んでも、最終的に物をいうのは「脳力」です。脳の中身を「肥やす」ことが、発想力アップには欠かせません。そこで、脳を肥やすための方法を紹介しておきましょう。

といっても、ややこしい手法や高価な機器は必要ありません。単に「ノートを付ける」だけです。

A５かB５程度のノートを１冊準備し、それをいつでも持ち歩いて、アイデアの種集めを行います。

アイデアの種とは、発想の素（もと）になるような情報を指します。

たとえば、「自分のニーズ」は立派なアイデアの種といえるでしょう。こういう本が読みたい、こんなコンテンツがあったらいいなと思ったら、それをノートに書き付けておくわけです。あるいは、他の誰かが口にした「自分のニーズ」も同じように書き留めておきましょう。

また、自分の「手持ちのコンテンツ」もこのノートに書き付けておきます。あるいは、面白そうな本のタイトルや気になったキャッチコピーをメモしておくのも効果的です。

こうしたものをノートに書き留めておくと、これまで紹介した発想法を行う際に大変役立ちます。扱える素材が増えれば、アイデアにも広がりが出るのは当然でしょう。しかし、それ以上に大切なことがあります。

それは、アイデアの良し悪しについて敏感になることです。何が良いアイデアなのかを判断する感覚が強くなるといってもよいでしょう。企画立案者にとって、その感覚は必須です。

発想法を駆使してたくさんの企画案を生み出しても、最終的にはどれか1つを選ばなければいけません。その選択は、自身の感覚に強い影響を受けます。積極的にノートを付けるようになれば、周りの企画やアイデアに注意を向けるようになります。それが自分の感覚を磨いていくことにつながります。良い企画は一日にしてならず、です。

第4章

コンテンツの制作過程とそのコツ

コンテンツを支える2つのプロセス

中身を作り、それを整える

「よし、最初はこれでいこう」と思える企画の骨子が固まったら、次は中身作りの工程です。

本の中身、つまりコンテンツと呼び得るものは、「原稿」と「画像」の2つがあります。また、電子書籍においては、それらを取りまとめた「電子書籍用ファイル」もそこに加わります。

よほど慣れていない限り、これらの作成を一気に進めるのはお勧めできません。混乱して、すべてが中途半端になるだけです。階段を上るように一つ一つ丁寧に進めていきましょう。

また、単に作るだけでは「商品」としては成立しません。無料のコンテンツならともかく、お金を払ってもらう「売りもの」を作るのです。それにせっかく自分の名前を冠する「本」を作るのですから、できるだけ良い内容にしたいところ。つまり、作ることに加えてその質を高めるプロセスも必要です。

商業出版においても、執筆と編集という2種類のプロセスによって本が作られています。紙の本が「売りもの」としての価値を持つのは編集のプロセスがあるおかげ、といっても過言ではないでしょう。

基本的に、編集のプロセスが加わっていない「本」は、商品としての価値が高くなりません。どこにでも転がっている「文章の塊」と大差ないからです。企画自体がよほど尖っているか、あるいは著者が圧倒的な

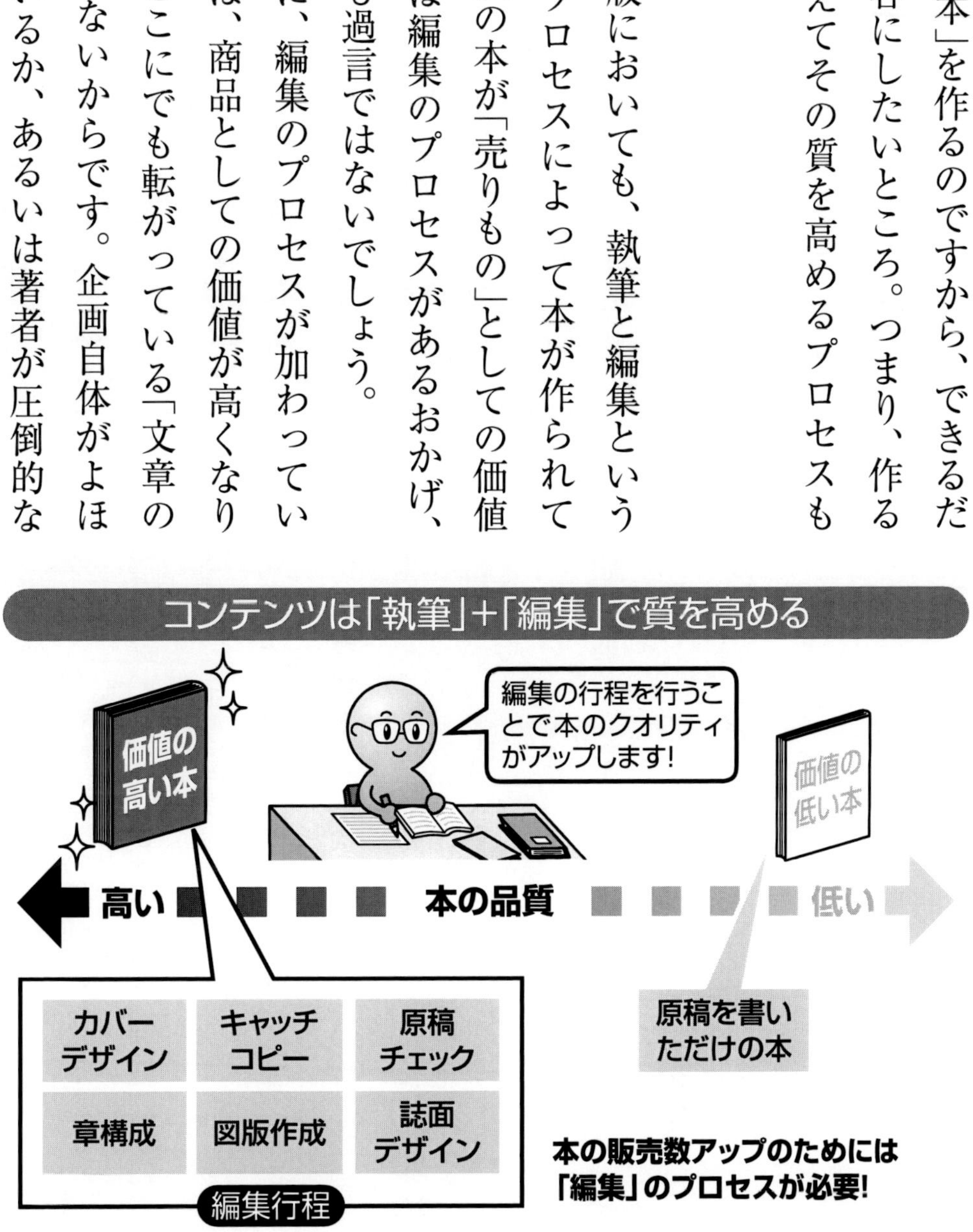

コンテンツは「執筆」＋「編集」で質を高める

価値の高い本

編集の行程を行うことで本のクオリティがアップします！

価値の低い本

高い　本の品質　低い

カバーデザイン
キャッチコピー
原稿チェック
章構成
図版作成
誌面デザイン
編集行程

原稿を書いただけの本

本の販売数アップのためには「編集」のプロセスが必要！

文才を備えているならば話は別ですが、それはレアケースでしょう。すでに「出版」されているセルフ・パブリッシング本は、この編集のプロセスがパスされている場合が多いようです。ようするに「書いただけ」なのです。逆にいえば、この工程をしっかり行えば競争力になり得ます。

残念ながら、編集を加えたからといって必ず売れるようになるわけではありません。しかし、販売数をアップさせたければ編集のプロセスは欠かせないものです。別にプロの編集技術がなくても問題ありません。稚拙であっても、制作に編集の工程を加えることで、ぐっとコンテンツの質はアップします。

本章では、中身作りの工程を一つ一つ手順を追って紹介していきます。また、それらの質を高める編集や校正といったプロセスも合わせて紹介します。目指すのは、売りものになるコンテンツ作り。これが本章のテーマです。

コラム

最初の一歩は1人で

原稿書きや画像作成、そして編集のプロセスはそれぞれ独立した工程として捉えられます。それはつまり、分業が可能ということです。複数人のチームで担当したり、専門家に外注することすらできます。

しかし、最初のうちはすべて自分で担当した方がよいでしょう。単純に価格設定が難しくなりますし、また「経費」が加われば、損益分岐点が上がってしまいます。もともとセルフ・パブリッシングの損益分岐点は非常に低いので、少し上がっただけで比率としては相当な上昇になってしまうでしょう。売り上げが少なければ、持ち出し、つまり赤字になってしまうこともあり得ます。

まずは、失敗の被害を最小限にして、自分ひとりでコツコツ進めていきましょう。

原稿を書く

原稿書きに関する2つのノウハウ

さっそくコンテンツ制作に取りかかりましょう。最初に着手するのは、本の中心的な要素となるテキストの作成、いわゆる「原稿書き」からです。

「原稿書き」のノウハウは、大別すると「執筆の進め方」と「作文技術」の２種類に分けられます。前者はワークフローの組み立て方、後者は言葉の扱い方についてのノウハウです。この両方がないと原稿書きは前に進みません。それぞれのテーマについてはそれだけで１冊の本になりますので、本書では原稿書きの初心者向けに１つの手法を紹介しながら、ちょっとしたコツも添えておきます。

原稿書きの進め方

原稿書きの種になるのは、企画プロセスで考えた「テーマ」です。

せっかく考えたのにまったく思い出せない、という方はいないでしょうが、細部を忘れているかもしれません。一度、企画作りで使った紙やファイルを確認してみてください。ついでに、それを保存する場所も作っておきましょう。クリアフォルダでもパソコンのフォルダでも何でも構いません。ともかく、これから作る本に関するメモや資料はすべてそこに集約する、という意気込みでそこに情報を保存していきましょう。そのフォルダは、確実にあなたの助力になってくれます。

さて、テーマを確認したら、それを元に執筆を進めていくわけですが、進め方は大きく2つあります。1つはトップダウン式、もう1つがボトムアップ式です。

トップダウン式は、テーマから章立てを作り、次に章の節や項を作り、最後に中身となる文章を書いていきます。簡単にいえば、先に目次を作ってしまい、それを指示書がわりに執筆を進めていく方法です。一つ一つの項目で何を書けばよいのかが明らかになっており、地図を携帯して冒険に出かけるような安心感を持って執筆を進めていけます。

対して、ボトムアップ式のアプローチはもっと乱雑です。テーマに応じた文章を思い付く順に書いていき、それを元にして章を組み立てます。連想ありきの書き方といえるでしょう。「ここはこれを書かなければいけない」という堅苦しさとは無縁で、自由気ままに書き進められますが、「次に何を書こうか」と悩んでしまうことも少なくありません。また、書くときは気楽でも後から章を組み立てる、つまり構成を行う場合に苦労することも多いです。

どちらの方法が正しいということはありません。また、内容によって適切な方法も変わってくるでしょう。操作手順の解説書ならば前者、エッセイ集などは後者のやり方がうまくいくはずです。

基本的には、自分が書き進めやすい方法を選んでください。ただ、まとまった量の文章を書き慣れていない方はハイブリッド方式でやってみましょう。両方のスタイルを混ぜて行うのです。

章立ての考え方

情報にまとまりを付ける

まずトップダウン式と同じように、テーマに応じて章立てを考えます。コンテンツの量によっても変わりますが、だいたい3〜6ぐらいの章に分割できればよいでしょう。

といっても、章立ての方法がわからないかもしれません。

例として第3章で出てきた『初心者店長におくる店舗運営のノウハウ50』(仮)で章立てを考えてみましょう。

たとえば、「人材育成・売り場作り・経費管理」という3つの章が立てられます。これはカテゴリー別の章立てです。他にも「基礎編・応用編・実践編」のように難易度で分けてもよいですし、「1日目・1カ月目・1年目」と時系列でやるべきことをまとめてみるのも面白そうです。

このように1つのテーマでも、章の切り分け方にはいくつものバリエーションがあり得ます。必ずしも1つしか答えがないわけではありません。このあたりがアイデアの見せ所であり、書き手の力量が発揮される場面でもあります。

章立ての考え方として、情報デザインの分野で用いられる基準を紹介しておきましょう。情報に「まとまり」を付けるための5つの基準です。

カテゴリー・時間・位置・アルファベット・連続量

カテゴリーは、ジャンル・部門・分野といった分け方です。章立てでもよく見かけますね。時間・位置・アルファベットについては、解説の必要はないでしょう。連続量は、小↓大、低↓高というような情報の配置です。重要度や難易度別の分類がここに属します。

こうした基準を参考にして、章立てを考えてみてください。

章立てにおいて完全なる正解はありませんが、読んだ人が理解しやすい形になるよう心がけましょう。小説でもない限りは、読者を混乱させるような章立ては好ましくありません。当たり前のことに思えますが、案外、見落とされる要素です。また「応用編・基礎編・実践編」というバラバラな順番の章立てにしてしまうと、それぞれの内容が理解しやすくても、読む方は困難を感じるでしょう。つまり「どう分けるか」に加えて、「どう並べるのか」も重要なポイントです。

ブレイクダウン・フォローアップ法

章立てが完成したら、構成を考えるのはいったんストップします。トップダウン式であれば、さらに細かい構成作りへと進んでいくわけですが、それはパスして執筆を次のステップに進めていきましょう。

なぜかというと、慣れないうちは細かい構成を立てるのが難しいからです。最悪の場合、構成作りに頭を悩ませすぎて、執筆がまったく進まない、なんてこともあり得ます。そこで、大ざっぱな方向性だけを決めて、文章を書き始めてみます。細かい構成については、書いてから考えることにしましょう。

これがトップダウンとボトムアップのハイブリッドという意味合いです。あえて名前を付ければブレイクダウン・フォローアップ法（ＢＦ法）となるでしょうか。

ある程度まで書き進めれば、「これも書いておいた方がよいかも」「この順番で書けばいいかな」という感触が得られます。それを元に構成に手を入れ、さらに文章を書き進め、また感触が得られたら構成に手を入れる、といった繰り返しを続けていきます。イテレーションを繰り返すソフトウェア開発のアジャイル手法に似ているかもしれません。

とにかく章立てが完成したら、書けそうな部分から実際に文章を書いてみることです。ただ、何も補助がないと書きにくいかもしれませんので、材料メモを事前に作成しておきましょう。

執筆を補助する材料メモ

材料メモを作る

材料メモとは、その名の通り原稿の材料となるメモです。それぞれの章で書いておきたいキーワードやフレーズをメモしたものをそう呼びます。基本的には、作文作業の前に作ることになりますが、執筆中に思い付いたアイデアもそこに書き付けておきましょう。「これはあそこの部分で使えるな」と思うアイデアが出てきたら、すぐさまメモしておくことです。後でいいやと放置してしまうと、高い確率で「あれ、何だったかな……」と途方に暮れること受け合いです。頭の中だけにあるアイデアは、すぐに消えると覚悟しておきましょう。

断片的なメモだけではなく、文書の要素を箇条書きで書き留めておいてもよいでしょう。その章で何がいいたいのか、を覚え書きとして明記しておくのです。その際は3つ程度のポイントにまとめておきましょう。ノウハウ系の本であれば、「なぜ重要か・何を行うか・どのように行うか」といったポイントを記しておくのです。それを参照すれば、話が大きくズレることはありませんし、もし、ズレても元に戻すのが容易になります。

思い付くままに執筆を進めていると、話が展開しすぎて「結局何がいいたいのか？」が自分でもわからなくなってしまうことは珍しくありません。要点を書き留めた材料メモは、執筆における羅針盤のように機能してくれます。

もちろん、この材料メモは先ほど作成した「フォルダ」に保存しておきましょう。情報はすべてここに集約するのでしたね。

この材料メモを参考にしながら、一つ一つの章を埋めていきます。まずは一定のボリュームにまで文章を膨らませることを優先してください。質については、後々の「編集」の作業で整えるので、ここで心配する必要はありません。まずは、がっしりとアクセルを踏み込むことです。

堅実なプロセス・マネジメント

毎日コツコツ書くこと

大ざっぱではありますが執筆の進め方を紹介しました。では、このプロセスをいかに進めていけばよいでしょうか。

これは実にシンプルで、「毎日コツコツ」やることです。馬鹿らしい話かもしれませんが、これ以上効率的な方法はおそらくありません。

1万～2万字程度であれば、1日で一気に仕上げるという方法もあります。まとまった時間の確保が可能であれば、検討に値するやり方です。しかし、1冊だけならまだしも、2冊、3冊と本の制作を続けていく場合は、あまりお勧めできません。どこかで無理がやってくるでしょう。もちろん、5万字を越えるコンテンツであれば、1日で仕上げるのは不可能です。

また、「たまに書く」のも避けた方が賢明です。執筆と執筆の間に時間が空きすぎると、頭の中の熱量が下がってしまいます。『ワープロ作文技術』（岩波書店刊）の中で、著者の木村氏は執筆のアイデアを「地底湖のお魚」として表現していますが、時間がたつとそのお魚が逃げてしまうのです。材料メモは、お魚を囲んでおく網として機能してくれますが、完璧とはいえません。長い時間が空いてしまうと、ひらめきが得られる可能性が下がってしまいます。

毎日執筆するのがベストですが、本当に「毎日」である必要はありません。平日の1時間や休日ごとといった、一定のペースが作れれば充分です。それに慣れてくれば、自分でも想像できない量のコンテンツを生み出せるようになります。

隙間時間の活用法

毎日コツコツ書く場合、隙間時間の利用も意識しておきましょう。たとえ忙しくても、ちょっとした隙間時間なら見つけられます。その時間をうまく使えれば、執筆時間を増やせます。

こういう場合に活躍するのがスマートフォンです。スマートフォンは電子書籍を読むだけでなく、それを執筆する際にも役立つのです。メモ帳などのアプリでちょこちょこ文章を書いておけば、それを後でコピー&ペーストして元の原稿ファイルに反映することは難しくありません。

あるいは、Dropboxなどのクラウドストレージサービスを使えば、パソコンで管理しているファイルをスマートフォンで直接、操作することもできます。たとえば、iPhone・iPadで使える「TextFocus」というエディタアプリは、Dropboxに保存してあるファイルを閲覧および編集できる機能があります。

どういうやり方にせよ、まとまった時間は家のパソコンで、隙間時間はiPhoneで、と状況に合わせてツールを使い分ければ、執筆時間の確保は可能です。

スマートフォンは持っているけど文章を打つのは辛い、という方は音声入力の活用を検討してみてください（iPhoneなら標準の機能として付いています）。思い付いた文章をテキストではなく録音メモとして残し、それを週末などの時間を使って文字起こしするのです。一見すると二度手間ですが、隙間時間に少しでも作業を進められる点は見逃せません。また、文字起こしはどちらかというと単純作業であり、頭が充分に働いていなくても処理を進められます。こうした分担は、少ない時間をやりくりする上で役立ちます。

ちなみに、音声入力をそのままテキストメモにするようなアプリもあります。漢字変換に少々難がありますが、それでもそのままテキスト原稿を起こすよりも、大幅に手間を圧縮できます。隙間時間での執筆には大きな助力になってくれますので、スマートフォンをお持ちなら検討してみてください。

文体の選び方

敬体なのか常体なのか

実際に文章を書き始めると、意外に困るのが文体の選択です。「ですます調」(敬体)で書くのか、「である調」(常体)で書くのかも簡単には答えが出ません。実際のところ、「どちらでもよい」というのが答えです。自分の書きやすい方を選択すればよいでしょう。

本当に注意すべき点は、「わかりやすい文章」であるかどうかです。あるいは「読みやすい文章」であるかどうかです。この2つを意識するだけで、本の価値はアップします。

この2つは微妙に違っている点に注意してください。難しい漢字や複雑な構文を使わなければ「読みやすい文章」はすぐに書けます。しかし、それが「わかりやすい文章」であるかどうかはまた別の話です。難しい漢字を使わずに専門用語を並べ立ててても決して「わかりやすい文章」にはなりません。

「わかりやすい文章」を書くためには、読者の想定が必要です。それがなければ、「誰にとって読みやすいのか」が判断できないからです。

これらをまとめて2つの指針を挙げておきましょう。

1つはなるべく簡潔な文章を心がけること。文章を書くのに慣れてくれば、複雑な構文でも自由自在に操れるようになるかもしれませんが、初めのうちは止めておいた方が無難でしょう。1文を短くするように心がけ、シンプルに意味が伝わるように意識することです。

もう1つは、読み手を意識すること。どんな人がその文章を読むのか。そのイメージを決して失わないことです。そのためには、誰かに語りかけるように文章を書いていく方法もよいでしょう。その「誰か」が具体的であればあるほど、読む人を無視した文章にはなりにくくなります。「ですます調」と「である調」の選択も、ここで決まるでしょう。

ただし、文章をゼロから生み出していく段階では、こうした判断は後回しにしてもよいかもしれません。何度もいいますが、まずひとまとまりの文章を書き上げるのが先決です。

シンプルな文章の上達法

文才というものが仮にあるにしても、それはギフト(天賦の才)ではなく、スキル(向上可能な技術)です。実践的な練習を積み重ねる以外に、文章がうまくなる方法はありません。

では、どんな練習を積み重ねればよいのでしょうか。

それは「読むように書き、書くように読むこと」です。

「読むように書く」とは、読者の視点に立って、徹底的に読み直すことです。推敲を重ねる、なんて言い方もします。文章を書いているときは、論理的な飛躍があってもなかなか気が付きません。時間をおいて何度も読み返すことで、そういった文章のアラを取り除くことができます。そうした作業を繰り返していくうちに、「わかりやすい文章」の書き方が見えてきます。

対して「書くように読むこと」は、インプット時の心構えです。自分が書き手の立場として他人の文章を読んでみる。どういう意図があって、どんな表現が使われているのか。言葉遣いはどうか。図解や段落の作り方はどうか。そういう分析的な視点で文章を読むわけです。

この2つを繰り返していけば、徐々に経験値がたまり、レベルアップしていきます。

ビジュアル要素について

コンテンツ内部の図版

テキスト原稿が完成したら、次は画像の作成に取りかかってみましょう。

ちなみに、本書が想定しているのはテキストベースの本です。テキストが中心要素であり、ビジュアル要素（グラフ・写真・図）は補足的な位置付けとして扱っています。こういった要素を入れることで、内容がよりわかりやすくなるのならば、積極的に検討しましょう。逆に小説のようなコンテンツならば無視しても大丈夫です。

漫画のようなビジュアル要素がメインになる本については、Amazonが提供している「Kindle Comic Creator」を使うことで作成できますが、本書ではその紹介は割愛します。

- Kindle Comic Creator

URL http://www.amazon.co.jp/gp/feature.html?docId=3077699036

さて、Amazonにアップロードできる画像ファイルの形式は、次の4つがあります。

- GIF（拡張子「.gif」）
- PNG（拡張子「.png」）
- BMP（拡張子「.bmp」）
- JPEG（拡張子「.jpg」または「.jpeg」）

どの形式もパソコンを使って画像を作成すれば、ごく標準で出力できるので心配ありません。

実際のKindle本では最大127KBまでのJPEG・GIF画像の表示に対応しており、他のファイル形式やサイズがこれよりも大きいものは、ファイル変換時に自動的にJPEGファイルとして圧縮されます。ファイル形式に悩んだ場合は、JPEGを選択しておけば問題ないでしょう。また、アップロードできる総ファイルの上限が50MBと決まっているので、画像のファイルサイズが大きくなりすぎないように注意しましょう。JPEGであれば圧縮率を上げることでファイルサイズを小さくすることができます。

もう1つ画像の作成において注意したいのが、電子書籍であるKindleの本はさまざまな端末で閲覧可能な点です。

端末ごとに画面の大きさも違えば、カラーとモノクロの違いもあります。自分が普段はモノクロの端末で閲覧していると、ついつい画像もモノクロで作りたくなるかもしれませんが、カラー端末で閲覧する読者のことを考えてカラーで準備しておきましょう。

また、スマートフォンのような小さい画面で閲覧される場合も想定しておいてください。その際、画像に含まれる文字が小さいと、非常に見にくくなってしまいます。パソコンの画面では普通に読めていても、スマートフォンだとまったく読めない、なんてことのないように気を付けてください。

カバー画像

コンテンツがすべてテキストで、画像をまったく使わない場合でも、カバー用の画像だけは準備しなければいけません。電子書籍の「表紙」となる画像です。

表紙に指定できるのは、長辺が1000ピクセル以上の画像になります。ちなみにAmazonは2500ピクセルを推奨しているので、できるだけこのサイズで作成しておきましょう。また、縦横比についての推奨が1.6とされているので、1562×2500ピクセルのサイズが一応の目安となります。ファイルの形式はJPEGかTIFFのどちらかで保存してください。

カバー画像の作成にあたっては、もちろん著作権に配慮する必要がありますが、それに加えてAmazonの規約にある「価格設定やその他の一時的な販売促進の提供に言及してはいけない」にも注意してください。値段を表記したり、「今だけ50％OFF」というような宣伝文句をカバー画像に加えるのは禁止されています。

では、具体的にどのようなデザインにすればよいでしょうか。

カバーデザインの考え方は、紙の本の表紙が参考になります。紙の本では、本のタイトルと著者名はどんな本にでも入っています。シンプルにそれだけでもよいですし、背景に何かしらの画像を加えてもよいでしょう。書店をブラブラすれば、「サンプル」になりそうな本の表紙をいくらでも見つけることができます。あるいは、カバーデザインに関する本も発売されていますので、凝りたい方は研究してみてください。

ただし、あまり細かすぎるデザインは避けましょう。自分が作成したサイズで読者が閲覧するわけではない、という点はコンテンツ内の画像と同じですが、この表紙はKindleストアに陳列される際の本の「顔」になります。そして、これがずいぶんと縮小されて表示されるのです。細かいデザインでは、うまく理解されないばかりか、見にくいデザインになってしまう恐れがあります。縮小しても内容が伝わるように、シンプルかつ文字のサイズは大きめを意識するとよいでしょう。

また、カバー画像の背景色を白地にしてしまうと、ストアページの背景色と混ざってしまいカバーの境界線がわからなくなります。白地にする場合は、細い枠線を周りに追加しておきましょう。

●Kindleストアでは表紙画像のサイズが小さい

実際の作成方法

画像作成のツールにチャレンジ

では、実際にカバー画像を作ってみます。

ツールは、Windowsに付属している「ペイント」などたくさんの選択肢がありますが、今回は「Pixlr Editor」というウェブツールを使ってみます。

- Pixlr Editor

URL　http://pixlr.com/editor/

カバー画像の作り方

「Pixlr Editor」でカバー画像を作成するには、次のように操作します

1 画像の作成の開始

❶「http://pixlr.com/editor/」にアクセスする。
❷「新しい画像を作成」を選択する。

2 サイズの選択

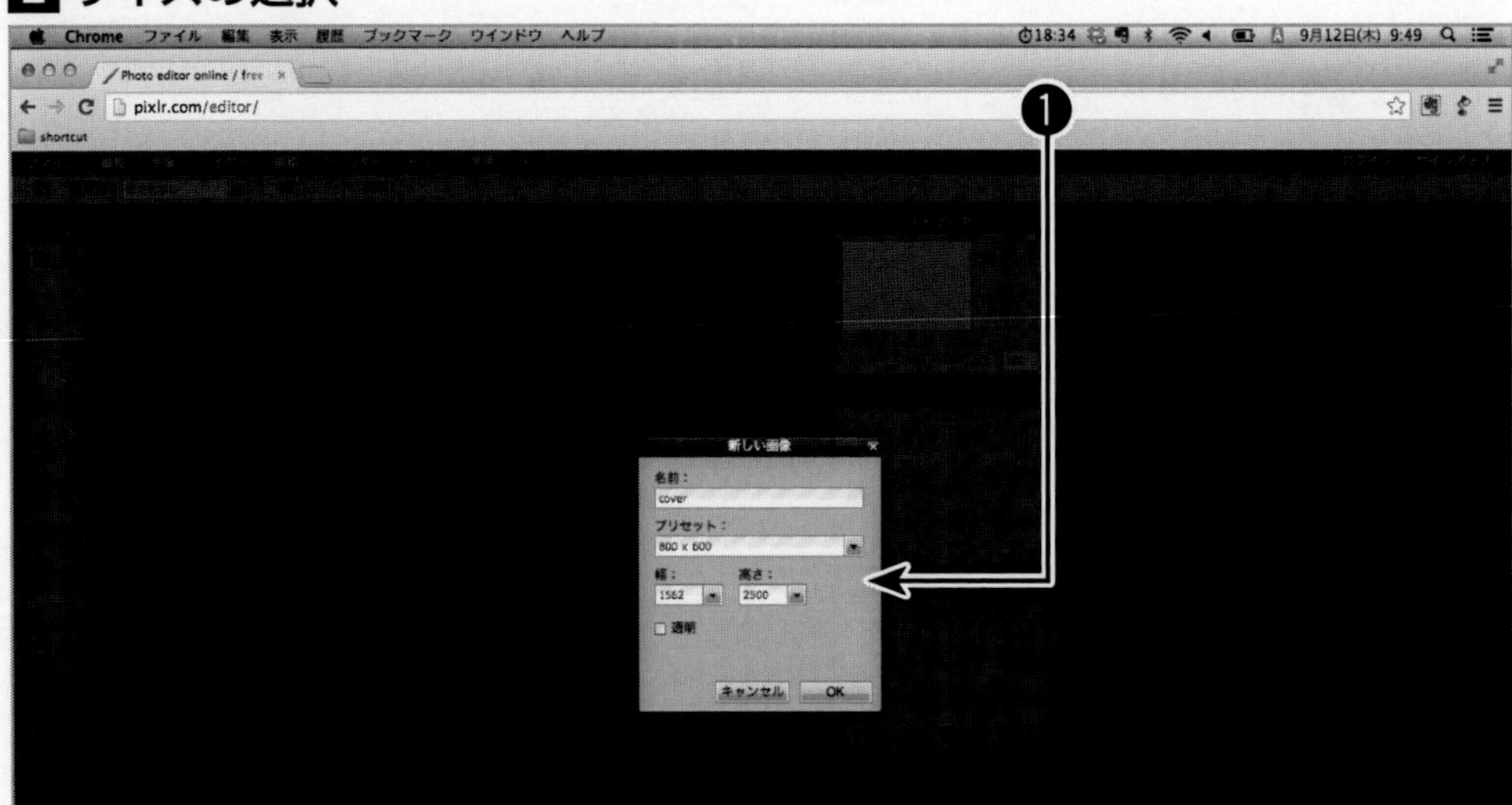

❶ ファイル名とサイズ(1562×2500)を指定する。

3 キャンバスの表示

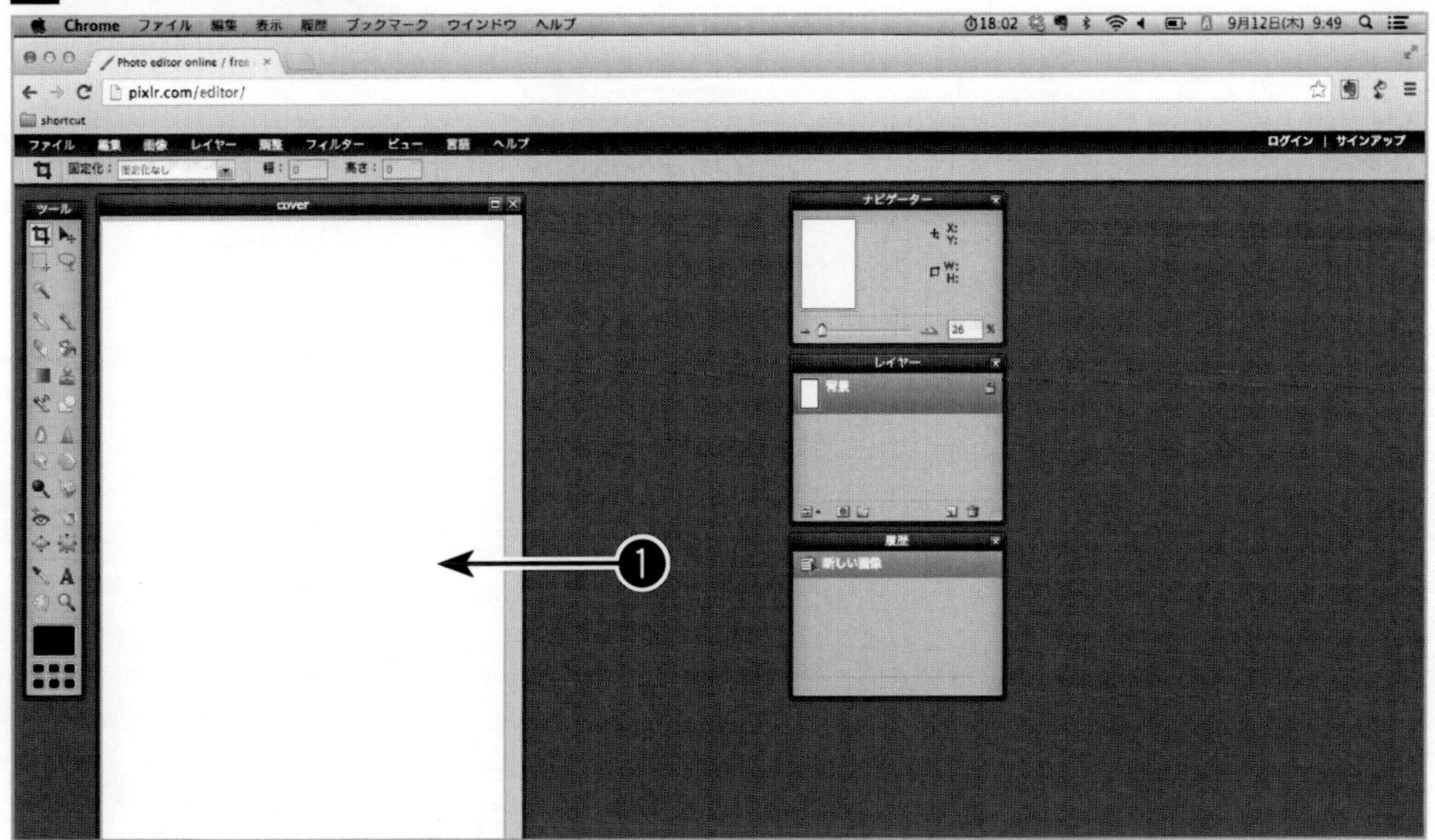

❶ キャンバスが表示される。

4 文字の入力

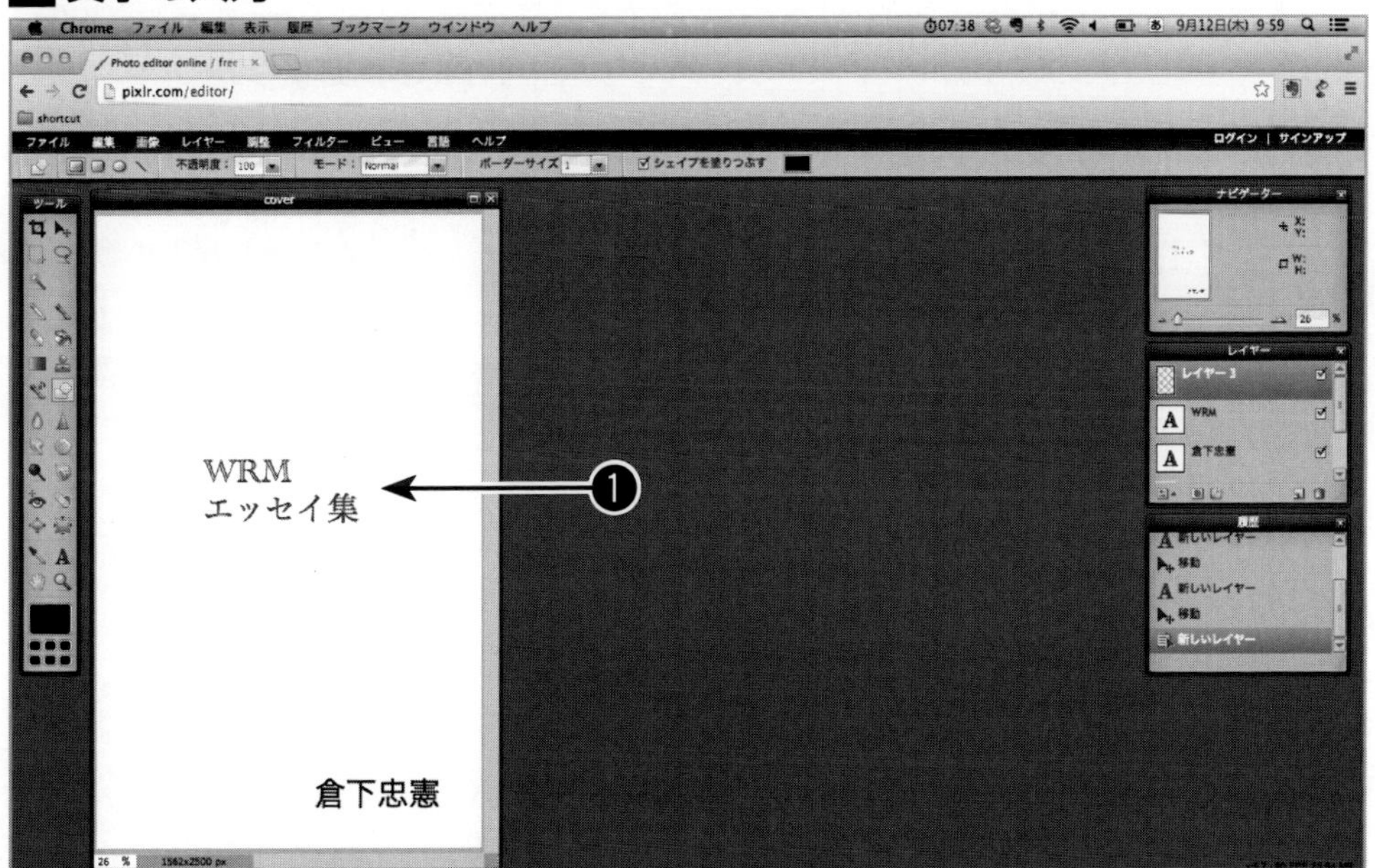

❶ タイプツールで文字(著者名とタイトル)を入力する。文字サイズや色、フォントは変更可能で、移動ツールを使えば自由に配置を変更できる。

5 枠線の描画

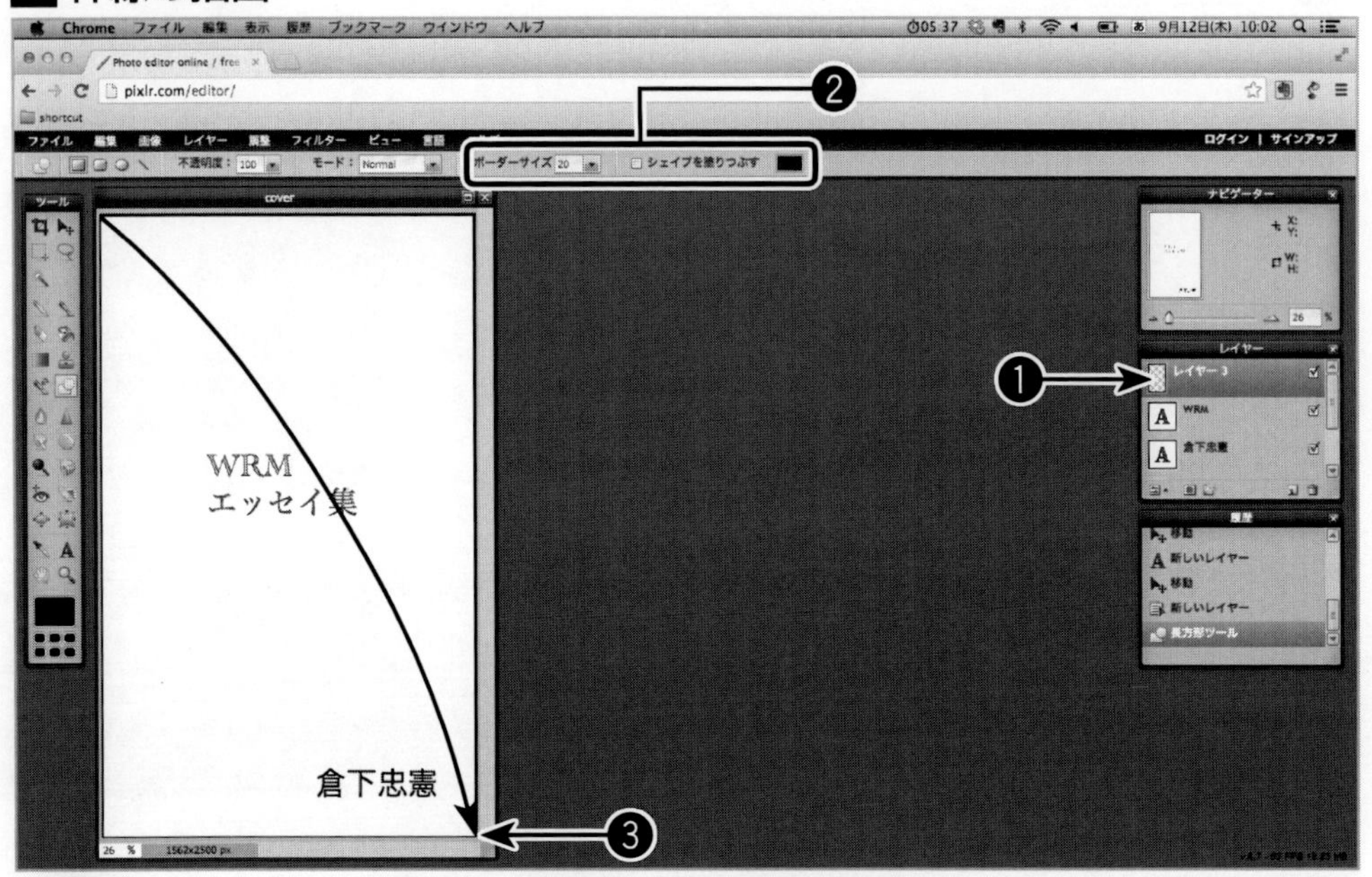

❶ 新しいレイヤーを追加し、描画ツールを選択する。
❷ ボーダーサイズを「20」に変更し、シェイプを塗りつぶすのチェックを外す。
❸ キャンバスの左上から右下までドラッグして、枠線を描画する。

6 ファイルの保存

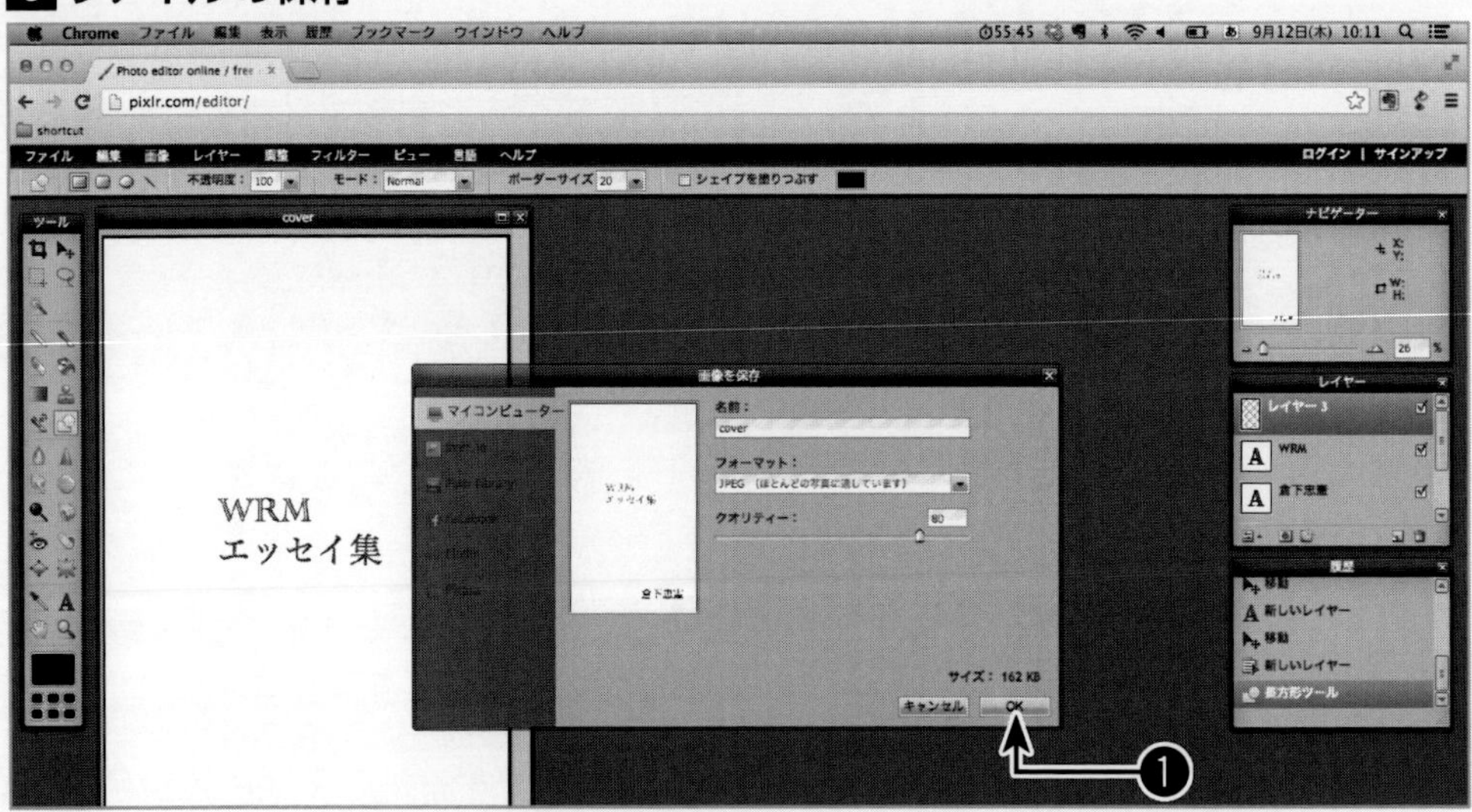

❶「ファイル」メニューから保存を選択し、「OK」ボタンをクリックする。

これでカバー画像ができました。さすがに、シンプルすぎてこのまま「表紙」として使うのは無理がありますが、これに手を加えていけば、それなりの画像が出来上るでしょう。

また、「いーブックデザイン」というサイトでは電子書籍の表紙として使えるフリーの素材画像が配布されています。こちらの画像をベースにして、上に文字を配置するだけでも見た目のよい表紙を作ることができます。

● いーブックデザイン

URL http://e-bookdesign.blogspot.jp/

現段階では実装されていませんが、ＫＤＰのページ内に「表紙作成ツールでデザイン」というトピックスを見つけられます。いずれ外部ツールを使うことなく、ＫＤＰ内で最適な表紙を作成できるようになるでしょうが、今のところは何かしらの画像作成ツールを使って自作してみてください。

質の高いカバー画像は、本の印象を間違いなくアップさせてくれます。本のテーマに沿った画像を使えば、細かい説明なしでも本の雰囲気を一瞬で伝えることもできるでしょう。もし、そこに力を入れたいのならばプロのデザイナーに発注することも検討してみてください。しかし、経費がアップし、それに伴って損益分岐点も上昇します。お試し感覚の作品であれば、そこまで凝らなくてもよいでしょう。

ちなみに、カバー画像は後から変更できますので、作品が売れてきてから本格的な表紙作りに臨む、という選択肢もあります。

Epubファイルの作り方

電子書籍用のファイルの種類

これまでで「原稿」と「画像」の作成方法を見てきました。これらが完成すれば、後はそれらを取りまとめる電子書籍用のファイル作りです。そのファイルをAmazonにアップロードすれば、「本」が登録されるのでしたね。ちなみに、Amazonにアップロードできるファイル形式としては、主に次の5つがあります。

- Word（拡張子「.doc」または「.docx」）
- HTML（拡張子「.htm」または「.html」。画像を含む場合はZIPで1つファイルに圧縮する）
- Epub（拡張子「.epub」）
- MOBI（拡張子「.mobi」）

● プレーンテキスト（拡張子「.txt」）

その他の形式についてはKDPのヘルプを確認してください。

URL https://kdp.amazon.co.jp/self-publishing/help?topicId=A2GFOUFHIYG9VQ

これらの形式のファイルをアップロードすると、MOBIというKindle用のファイルに変換され、それが「本」として登録されます。ちなみに、MOBIファイルを自分で作成して、直接アップロードしても構いません。

第2章で紹介した手順は、まずテキストファイルを作成し、それをEpubファイルに変換してから、それをAmazonにアップロードするものでした。つまり「原稿」を「電子書籍用ファイル」へと変換したのです。

これ以外にも、「電子書籍用ファイル」の作り方にはいろいろなルートがあります。Wordやそれに類するソフトでWordファイル（拡張子「.doc」または「.docx」のファイル）を作ってもよいですし、HTMLエディタでHTMLファイルを作ることもできます。

パソコンを使っていれば、テキストファイルやWordファイルはよく目にします。HTMLファイルはウェブサイトで使われるので、ホームページやブログを運営している人ならばお馴染みでしょう。残念ながら、Epubファイルはそれほど身近なファイル形式ではありません。しかし、ぜひともマスターしたい形式です。

Epubとは「Electronic Publication」の略称で、電子書籍の規格の名称です。ファイルの拡張子は「.epub」で、英語圏での電子書籍用ファイルでは標準的な規格として使われています。ちなみに、Amazon以外の電子書籍ストアでもこの形式は広く受け入れられています。つまり、Epub形式でファイルを作成できるなら、Kindleストア以外にも販売の視野を広げていけるわけです。本格的な電子書籍の作成および販売を考えているのならば、ぜひともEpubファイルを作れるようになっておきましょう。

⚜ Epubファイルの作り方のいろいろ

Epubファイルはいろいろな作り方できます。そのためのツールをいくつか紹介しておきましょう。

まず、テキストファイルからの変換では、次の2つのウェブツールが使えます。シンプルな電子書籍ならばこのツールでほとんど問題ありません。特にテキストだけの電子書籍であれば、第2章でも紹介した「EPUB3::かんたん電子書籍作成」が非常に簡単です。また、両方とも無料で使えるツールになっています。

- EPUB3::かんたん電子書籍作成
  URL http://books.doncha.net/epub/
- でんでんコンバーター
  URL http://conv.denshochan.com/

また、HTMLファイルからの変換では、次のウェブツールがあります。変換後に24時間だけファイルが公開されてしまいますが、それを問題にしないならば、こちらも無料で使用可能です。

●Epubpack

URL http://epubpack.cloudapp.net/

有料になりますが、次のウェブツールを使えばブログ感覚で作成した文章をEpubファイルに出力できます。

●Livedoor Blog

URL http://blog.livedoor.com/

●パブー

URL http://p.booklog.jp/

自分のパソコン内で使うツールでは、「AozoraEpub3」があります。

- AozoraEpub3

URL http://www18.atwiki.jp/hmdev/pages/21.html

「青空文庫方式」という書式を学ぶ必要がありますが、凝ったレイアウトのEpubファイルをテキストファイルから作成できます。

また、Word系のワープロソフトで、ファイルを保存する際にEpub形式を選べるものもあります。最近だと、ジャストシステムから発売されている「一太郎２０１３ 玄」(https://www.justmyshop.com/products/ichitaro/)はEpub式だけでなく、Kindle用のMOBIファイルにも対応しています。

英語版になりますが、次のようなEPUB出力を備えたエディタもあります。

- Sigil

URL http://code.google.com/p/sigil/

● Scrivener

URL https://www.literatureandlatte.com/scrivener.php

ここまでたくさんあると、どれを使えばよいのか迷うかもしれません。これでないといけない、という方法はありませんが、慣れるまではテキストファイルから変換できるツールを使ってみましょう。とりあえず、「本作り」に慣れるのが先決です。

Epubファイルの中身

Epubは、国際電子出版フォーラム(International Digital Publishing Forum)が普及促進している電子書籍の規格です。現在はEPUB3というバージョンが公式の規格になっています。

そのEpubファイルの実体は、一種の圧縮ファイルです。XHTML形式で情報内容を記述したものをまとめ、ZIPで圧縮し、そのファイル拡張子を「.epub」に変更したものがEpubファイルになります。そのため、拡張子を「.zip」に戻し、ファイルを解凍(圧縮したデータを復元すること)すれば、その中身を覗くことができます。

◉Epubファイルの中身

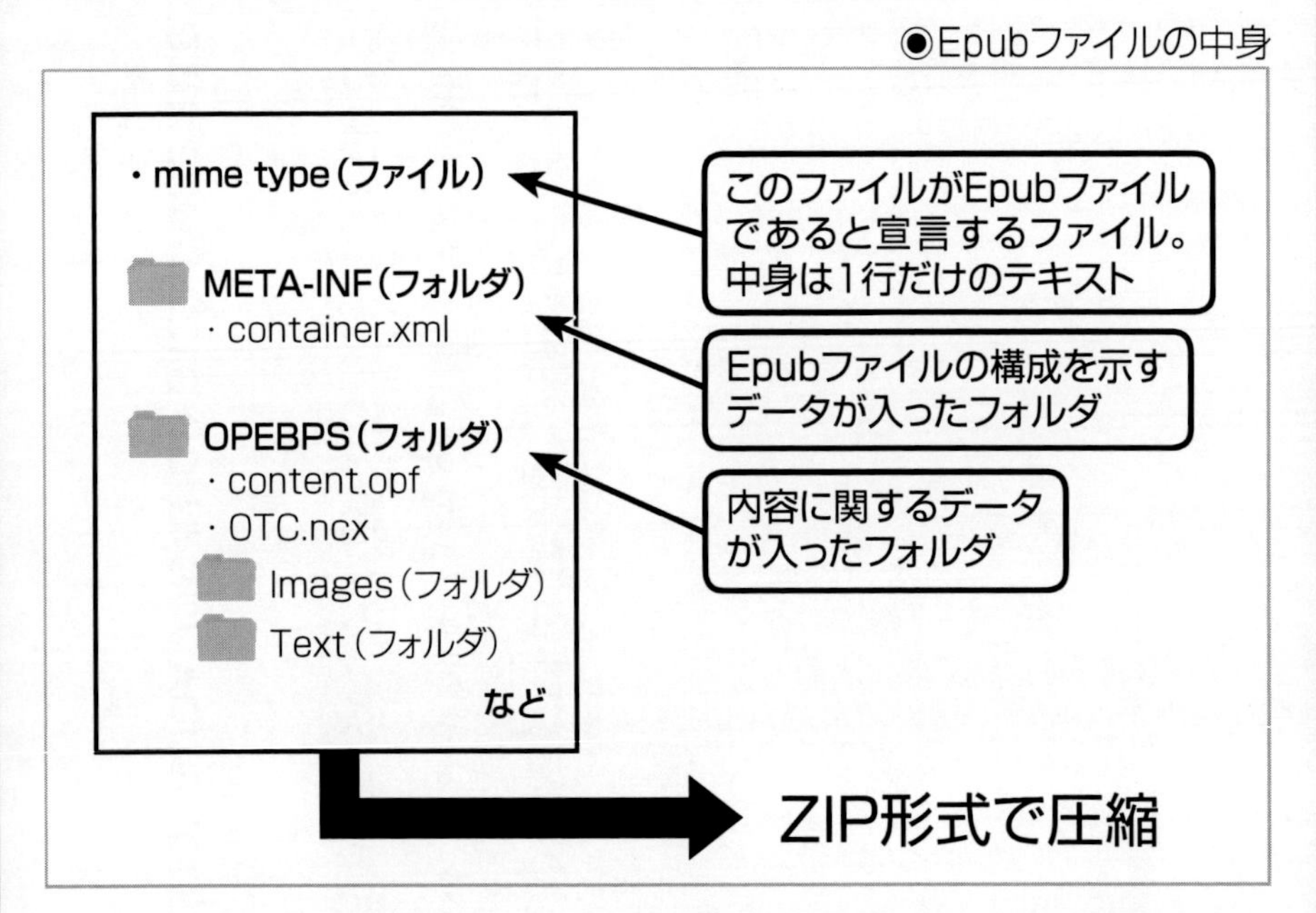

ツールを使ってEPUBファイルを作成すれば、こうした中身についての知識は必要はありません。しかし、ゼロから作成したり、細かい変更を加えたい場合は、ファイル構造の知識を持っておくと何かと便利です。

より凝った電子書籍の作り方

見栄えを上げる「テキスト装飾」

電子書籍では、原稿に「テキスト装飾」の要素を加えられます。テキスト装飾とは、重要な部分を太字にする、引用部分を斜体にする、漢字にルビを振る、といったデザイン上の配慮のことです。紙の本でもよく見かけますね。こうした配慮を加えることで、コンテンツの質はさらに高まります。

残念ながら普通のテキストエディタには、テキスト装飾の機能がありません。しかし、Wordなどのワープロソフト（リッチテキストエディタ）では標準で付いています。また、SigilやScrivenerといったEpub出力可能なツールにも同様の機能があります。それらのツールを使えば、簡単にテキスト装飾を実現できます。

シンプルなテキストファイルを使う場合でも、「でんでんコンバーター」や「Aozora Epub3」を使ってEpubに変換すれば、テキスト装飾が可能になります。ただし、そのためには、テキスト装飾のための書式を指定する必要があります。一度ルールを覚えれば簡単なのですが、それまでは少し取っつきにくい印象を覚えるかもしれません。書式についてはそれぞれ次のウェブページから確認できます。

- でんでんマークダウン
  URL http://conv.denshochan.com/markdown
- 青空文庫　注記一覧
  URL http://www.aozora.gr.jp/annotation/

こうしたテキスト装飾は、EpubファイルのCSSによって実現されています。より高度なテキスト装飾、あるいは複雑な紙面デザインの設定については、EpubおよびCSSの込み入った知識が不可欠です。しかし、いきなりそこにチャレンジするのは止めておきましょう。二兎を追う者は一兎をも得ずといいますが、複数の知識を一気に学ぼうとすると嫌気が差してしまいます。そもそも必要性の感じない知識を学ぶのは苦痛でしかありません。

まずは「本作り」に関する感覚を掴み、高度なレイアウトの必要性を感じたら、それを実現するためのツールや知識について学んでいきましょう。幸い、ウェブで検索すれば必要な情報を見つけることは難しくありません。また、Epubについて解説した本もいくつか出版されています。本作りに慣れてきたら、そうしたものへも目を向けてください。

こうした要素を一つ一つ挙げていくことは紙面上不可能なので、Amazonが提供してくれている「Kindleパブリッシング・ガイドライン」と「日本語サポート補足資料」に一度、目を通してみてください。どちらも次のURLからダウンロードできます。

URL https://kdp.amazon.co.jp/self-publishing/help?topicId=A2Z7EPGXGHEZZ4

CSSの役割

CSSは、Cascading Style Sheets（カスケーディング・スタイル・シート）の略です。ウェブページを作成したことがある人はご存じでしょう。多くのウェブページでは、文章の構造とその体裁が分離されています。構造を定義するのがHTMLファイルで、体裁（装飾）を指定するのがCSSファイル、といった分け方です。

こうして分離しておくことで、文章の内容を変更することなく見た目だけを変えられる、といったメリットが生まれてきます。

Epubファイルの中にもこのCSSが含まれており、表示についての役割を担っています。

たとえば文章を横書きで表示させたい場合、Epubファイルを構成するCSSファイルに次のように記述を追加することになります。これらの情報もウェブにたくさんあるので、興味があれば、検索してみてください。

```
body.body_text {
-webkit-writing-mode: vertical-rl;
}
```

コンテンツ・デザイン（編集および校正）

コンテンツのネジを締める

文章も書き終え、カバー画像も準備できて、電子書籍用のファイルが完成したら、あともう一息です。残るプロセスは「編集」と「校正」の2つ。それが終われば、いよいよKindleにファイルをアップロードし、自分の本をストアに並べることができます。とはいえ、気を抜くわけにはいきません。残された2つの工程は、コンテンツをブラッシュアップする作業です。ここをなおざりにすると、いまいちな仕上がりの「本」になってしまいます。

家造りで考えてみましょう。家を建てるためには、素材となる木材が必要です。しかし、ただ木材があれば立派な家が作れるのかというと、もちろんそんなことはないでしょう。木材が指定したサイズなのか、きちんとヤスリがかけられているのか、そんなことを確認しながら組み上げる必要があります。一見、きちんと立っているように見えても、柱の太さが不足していたり、高さが不揃いであれば、充分な耐久度が得られません。質の低い家とそうでない家の違いは、もしかしたら細かい差異の積み重ねなのかもしれませんが、結果としては大きな違いになり得ます。

文章も同じです。文という素材が並んでいるだけで「本」として成立するわけではありません。残された2つの工程は、コンテンツの質を高める上で、重要な役割を担っています。

まず「編集」でコンテンツの全体像を整え、次に「校正」でミスがないかを確認しましょう。

編集の工程では、次の作業を行います。

- 順番を並び替える
- 要素を削る
- 要素を付け加える
- 強弱を付ける

校正では、文章の誤字脱字などのテキストミスのチェックと、電子ファイル的な問題がないかのチェックを行います。

では、さっそく取りかかりましょう。

コンテンツを再構成する

ブレイクダウン・フォローアップ法として、まず章立てを作り、そこから思い付くままに書き進めていく方法を紹介しました。もしかしたら、一通り原稿を書き終えた後、最初に作った章立てに「これでいいのかな」という疑問が湧いてくるかもしれません。それはまったく正しい疑問です。

最初に作った章立てはあくまで仮のものでしかありません。あるいは目印といってもよいでしょう。それがあれば執筆を進めやすい、という補助線的な存在です。それを最終的な章立てとして採用するかどうかは、書き上げてからもう一度、検討する必要があります。

机上の空論、なんていう言葉がありますが、頭の中で考えたものが適切な章立てであるとは限りません。実際に内容を書き出してみて、はじめてわかることがいくつもあります。その理解を踏まえて、最適な構成を再構築するのです。

たとえば、『初心者店長におくる店舗運営のノウハウ50』（仮）の執筆で考えてみましょう。

「人材育成・売り場作り・経費管理」という3つの章を立てて、書き進めていきました。書いているうちに人材育成の章で、シフト管理に関する記述が膨らんだとします。よくよく考えてみれば、現場で困っていたのは「仕事ができない人をいかに扱うのか」という問題ではなく、「シフトの穴が埋まらない」という問題だったのです。あるいは、売り場作りでも、作るだけではなく、一度、作った売り場をいかに維持していくのかが難しかったことを思い出したとしましょう。

こうした発見をした場合は、最初の目次にこだわらず、出てきた要素並べてみて構成を考え直します。「シフト管理」の章を新しく作ってもよいでしょうし、「売り場作り」の章を「売り場管理」と変更するのも一手です。

こうしたリニューアルを行った方が、「机上の目次」に合わせるよりもはるかに良い内容になり得ます。『発想法』（中央公論社刊）の著者である川喜田二郎さんは「データをして語らしめる」という言葉を残しましたが、言うなれば「素材をして語らしめる」のがこの方法の特徴です。

ただし、次の視点を忘れないようにしてください。

「伝えたいことを、伝えられる形になっているか」

書いていくうちに、大切な内容が発掘されるのは珍しいことではありません。そうした内容は拾い上げて、本に反映するのがベストです。しかし、これは話題が散漫に広がっていくのとは違います。思うがままに文章を書いているときは、意外な発見だけでなく、関係ない話題への脱線もよく起きます。それをそのまま拾ってしまえば、コンテンツの全体像がぼんやりとしてしまいます。それを避けるためには、選別を行うしかありません。必要ないと判断できるものを削除するのです。

状況に応じて、説明不足なコンテンツを追加することもあるでしょう。削除や追加によって、章の順番を変更する必要も出てくるかもしれません。それらを行うのがこのプロセスです。その際は、常に「伝えたいことを、伝えられる形になっているか」を意識してください。このような判断軸がないと、再構成の作業をうまく進めていくことができません。

また、こうした作業を行う際は、目次を確認してみてください。本文は抜きにして、章や項だけを抜粋するのです。こうしたものを「アウトライン」と呼んだりもします。そのアウトラインを見て、全体像とその流れが理解できるならば大丈夫です。そうでないならば、どこかに「患部」があるのかもしれません。その場合は、手術が必要です。

削除することと強弱を付けること

基本的に、必要ないと判断できる部分はすべて削除しましょう。

もしかしたら、自分が苦労して書いた文章を消すことに抵抗感を覚えるかもしれません。もったいないのです。しかし、読む立場になってみれば、不必要な文章を読まされるのはたまったものではありません。内容が足りないのと同じぐらい、無関係な内容が多いこともコンテンツの質を下げてしまうのです。読者の視点に立って、ばっさりと切り落としてしまいましょう。

このように編集や校正のプロセス中は読者の視点を忘れないようにしてください。一時的に書き手としての気持ちを抑えて、徹底的に読み手の視点に立つことです。それができれば作業をうまく進めていけるでしょう。

残念ながら、「消すぐらいなら最初から書かなければいい」という効率的なやり方はあまりうまくいきません。たとえば「最高のタイトル案を1つだけ出してくれ」といわれてもなかなか思い付かないでしょう。しかし、「何でもいいから50個タイトル案を考えて」といわれれば、一気に発想の敷居が下がります。きっと、いくつもアイデアが浮かんできて50ぐらいはすぐに埋められるでしょう。その50個の中に、最高のタイトル案として採用できるものが見つかるはずです。

広げておいてから、削る。一見すると二度手間なやり方が、案外まっすぐな道だったりするものです。アクセルを踏むときはアクセルだけを踏み、ブレーキを踏むときはブレーキだけを踏む。両方を一緒に踏んでいては能率は上がりません。

ただし、削りにくい場合もあります。本筋から少し外れているけれども、テーマには関係ある内容が見つかった。そんな場合です。

そういう場合は強弱を付けることで対応しましょう。たとえば、注釈扱いにしたり、あるいはコラムとして別枠・別ページに載せてしまうのです。テーマという本線のルートはまっすぐ通しながら、関連があるものは別路線として配置する。こうしておけば、気になる人は目を通せますし、そうでない人は無視して本線だけを読み進めていけます。「読みたい人だけが読める」という環境を作れるわけです。

また、削除してしまったコンテンツは、もしかしたら「再利用」できるかもしれません。単純に削除するのではなく、どこか別の場所に保管しておくとよいでしょう。

こうした一連の編集作業は、電子書籍ファイルを作成する前に行うのが効率的です。電子書籍のファイルを作ってから、再構成を行えば、もう一度ファイルを作成し直さなければなりません。それは単なる手間でしょう。

しかしながら、最初は原稿を書き上げたら、まずEpubファイルを作成してみるのもよいかもしれません。それを何かの端末で読み返して、自分の「本」を確かめてみてください。一度、自分で読んでみることで、どういう編集が必要なのかがより強く実感できるでしょう。

文章と日本酒

文章を広げてから削る手法は、日本酒造りに似ている部分があります。

日本酒のランクには、「本醸造」「吟醸」「大吟醸」といったものがありますが、これは「精米歩合」によって決まっています。日本酒造りに使うお米の外側をどれだけ削り取ったのか、という数値です。そして、この数値が大きいほど日本酒としてのランクも上がります。

中心に近づくほど米としての純度が高く、それを原料として作る日本酒も質が高い、というわけです。大吟醸にいたっては50%以下、つまり半分以上を削り取ってしまうのですから、もったいない気持ちすら湧いてくるかもしれません。しかし、米の中心部分だけを育成するようなことはできません。作って、削る。というやり方しかないのです。

編集作業で、自分の文章を削除するのに抵抗を感じるならば、「これは大吟醸を造るために必要なんだ」と考えてみると気分が和らぐかもしれません。

編集を進める際の心構え

ぶれない本作りのための疑問文

編集の工程を進める際の「伝えたいことを、伝えられる形になっているか」という視点を紹介しました。これをもう少し細かい要素に分解しておきましょう。

伝えたいことは何なのか?

その本が一番伝えたいことは何でしょうか。中心となるメッセージは何でしょうか。それが見えていれば、テーマの本線をまっすぐに敷いていくことができます。

一見、書き始める前にわかっていそうなものですが、後からより大きなテーマに気が付くこともあります。編集作業に入る前に一度、確認しておくとよいでしょう。また、作業で詰まった際も、この問いかけに立ち戻るのが有効です。

加えて別の人に原稿を依頼し、それを自分で編集する場合にもこの問いかけは機能します。

伝えようとしてるのは誰なのか?

これも企画の段階で考えたことではありますが、編集の際にはもう一度、意識してみましょう。文章を書いている間は、どうしても自分視点に陥りがちです。会話でも熱心に話しすぎて、聞いている人を置いてけぼりにするようなことがありますが、自由に書いているとそれと似たようなことが起こりえます。

その本を読む人が、何を求めているのか。その人にとって役立つことは何なのか。読み手がどういう状況に置かれているのかを確認した上で、構成を整えていきましょう。

これは伝わりやすい形か?

こちらも読み手の気持ちになる必要があります。

話の展開に強引な部分はないか、専門用語は多すぎないか、図解はわかりやすいか、説明不足なところはないか、あるいは過剰に書きすぎてはいないか。そういう視点でコンテンツを見返していきます。

どのように、どんな順番で並べれば伝わりやすいのか。それを意識しながら構成を調整していけば、コンテンツの質は間違いなく向上します。

総じていえば、「顧客視点に立ったコンテンツの評価および調整」を行うわけですが、それらを具体的に確認するためにこうした疑問を使ってみてください。

内容を確認する校正作業

構成を整え終えたら、コンテンツの最終チェックに入りましょう。一般的に「校正」と呼ばれていますが、簡単にいえばミスを発見する作業です。コンテンツ全体を細かく確認していきます。

校正時の心構え

まず、心構えとして「ミスは必ずある」と考えておいてください。「ミスがないかどうかを確認する」ぐらいの気持ちだと、緩いチェックになりがちです。「ミスはあるはずだから、それを発見するんだ」という意気込みを持って作業にあたってくださ い。その意気込みが、不発に終わることはまずありません。自分では大丈夫だと思っていても、ミスはどこかにあるものです。それを一つ一つ直していきましょう。

原稿で頻繁にあるミスが誤字脱字です。手書きの場合は書き間違いですが、キーボード入力の場合は変換ミスがよく起きます。

たとえば、「綺麗に透き通った海を望んで、ゆったりとした一日を過ごしたい」という文があるとしましょう。文が持つニュアンスが希望なので、「海を望む」となっていても気が付きにくいことがあります。正解は「海を臨む」です。

もう1つ「灯台もと暗し」問題もよく発生します。

先ほどの文で「海を望んで」の間違いを発見し、「望ん」を消去してから、「臨む」と入力し直します。そして、そのまま次の文に行ってしまったとしましょう。文は「綺麗に透き通った海を臨むで、ゆったりとした一日を過ごしたい」となっています。今こうして読むと、不自然さにすぐ気が付きますが、どうも一度、手直しを加えたところはチェックが甘くなる傾向があるようです。「ここはチェックしたから問題ない」と無意識に判断するのかもしれません。こういう誤字脱字は、キーボード入力ならではのミスです。

もちろん、言葉の使い方のミスもあります。たとえば「なおざり」と「おざなり」を使い間違えていたり、「的を射る」を「的を得る」としてしまったり。こうした間違いは辞書を引けば簡単につぶせますので、意味が怪しいなと感じたら、辞書を引いて確認しておきましょう。

また、テキスト要素だけではなく、図版なども同様に確認してください。コンテンツのすべての領域においてミスをつぶしていきましょう。

校正を進めるコツ

校正作業を進めていく上でのコツをいくつか紹介しておきます。

まず、《何度も読むこと》です。最低でも2回は通して読み返してください。また、それぞれの読み返しは、時間をおいてトライしましょう。書いた直後であるほど、「無意識の読み飛ばし」が発生しやすいものです。それを避けるには、熱を冷ましてから読み返し作業を行うのが一番です。

また、「無意識の読み飛ばし」を避けるために、《読まないように読む》のもポイントです。

普段、私たちは気が付きませんが、「読む」という行為の裏側では、かなり高度な脳の処理が行われています。たとえば、次の文は普通に「読む」ことができるでしょう。

こんちには みさなん おんげき ですか？ わしたは げんき です。
にげんん は もじ を にしんき する とき その さしいょ と さいご の もさじえ
あいてっれば じばんゅん は めくちちゃゃ でも ちんゃと よめる という けゅ
きんう に もづいとて わざと もじの じんばゅん を いかれえて あまりす。

文字をそのまま読んでいるのではなく、文脈から「推測」して「補完」しながら読んでいるのです。しかも校正の場合、自分で書いたものですから、その補完はより簡単になります。その点を考慮すれば、自分の誤字脱字を発見するには、相当な注意が必要になることがわかるでしょう。

そこで「読む」というスイッチを切ってしまうのです。「文章を読む」のではなく、間違い探しのパズルを解くように、一つ一つ文字を確認していくことで、見逃しやすいミスを発見できるようになります。あるいは、最後のページから逆向きに読む、という手法を使っている人もいます。これも《読まないように読む》方法として使えます。

電子書籍のメリット

幸いというかなんというか、電子書籍の場合は後から内容をアップデートすることができます。紙の本と違って誤字脱字が永久にそこに残ることはありません。その点、気分的には楽な気持ちで取り組めますが、だからといって誤字脱字をどんどん出してもへっちゃら、というわけにはいきません。

言うまでもなく、誤字脱字はゼロであるのが望ましい形です。それは質を高めるという意味もありますが、実は内容の信頼性にも関わってくる可能性があるのです。

行動経済学の大著『ファスト&スロー』(ダニエル・カーネマン著、早川書房刊)という本で、可読性(認知容易性)が高いほど、その内容が信頼されやすかったという実験結果が紹介されています。この話をひっくり返せば、可読性が低いものは信頼されにくいことになります。誤字脱字は、読みにくさを増やすものですから、それが中身の信頼性に影響してくるかもしれません。これがどこまで本当の話かはわかりませんが、誤字脱字ゼロを目指し、できる限り可読性を高めておくことに損はなさそうです。

最終的なプレビューと次なる一歩

電子ファイルのプレビュー

電子書籍として、もう1つ「校正」の対象になるのが、電子ファイルそのものです。エラーなく表示されるのか、あるいは自分の意図した通りに表示されるのか。それを最後に確認しておきましょう。プレビュー作業とも呼ばれます。

テキストファイルに書いた原稿がそのまま表示されるのならば、心配はありませんが、実際はファイル変換が挟まります。EpubやMOBIといったファイル形式はテキストファイルに比べると複雑な構造になっており、コントロールするのも簡単ではありません。意図しないような表示になっている可能性もゼロではないのです。原稿の内容だけでなく、その表示についてもチェックしておきましょう。

このプレビューを行うタイミングは3種類あります。

- ファイルをアップロードする前
- ファイルをアップロードした後
- 登録作業が終わり、ストア陳列後

まずテキスト原稿を仕上げ、それをEpubファイルに変換した後に、そのチェックができます。Epubファイルを表示できるアプリケーションはいくつもありますが、Amazonが提供している「Kindleプレビューツール」を使ってみましょう。ＫＤＰのサイトからダウンロードできます（次のＵＲＬを参照）。自分のＫＤＰのページから「ヘルプ」→「ＫＤＰツールとリソース」のページにアクセスするか、検索サイトで「kindle　プレビュー」と入力して同名のページを探してください。WindowsとMac版が準備されています。

- ＫＤＰツールとリソース

URL https://kdp.amazon.co.jp/self-publishing/help?topicId=A3IWA2TQYMZ5J6

起動してウィンドウが表示されたら、そこに作成したEpubファイルをドラッグ&ドロップしてください。ファイルに不具合がなければ、プレビューが表示されます。このツールでは、Kindle PaperwhiteやKidnle DXといった複数の端末での見え方が確認できます。

このツールで、数字の表示、ページの区切

●Epubファイルを起動したKindleプレビューへドラッグ&ドロップ

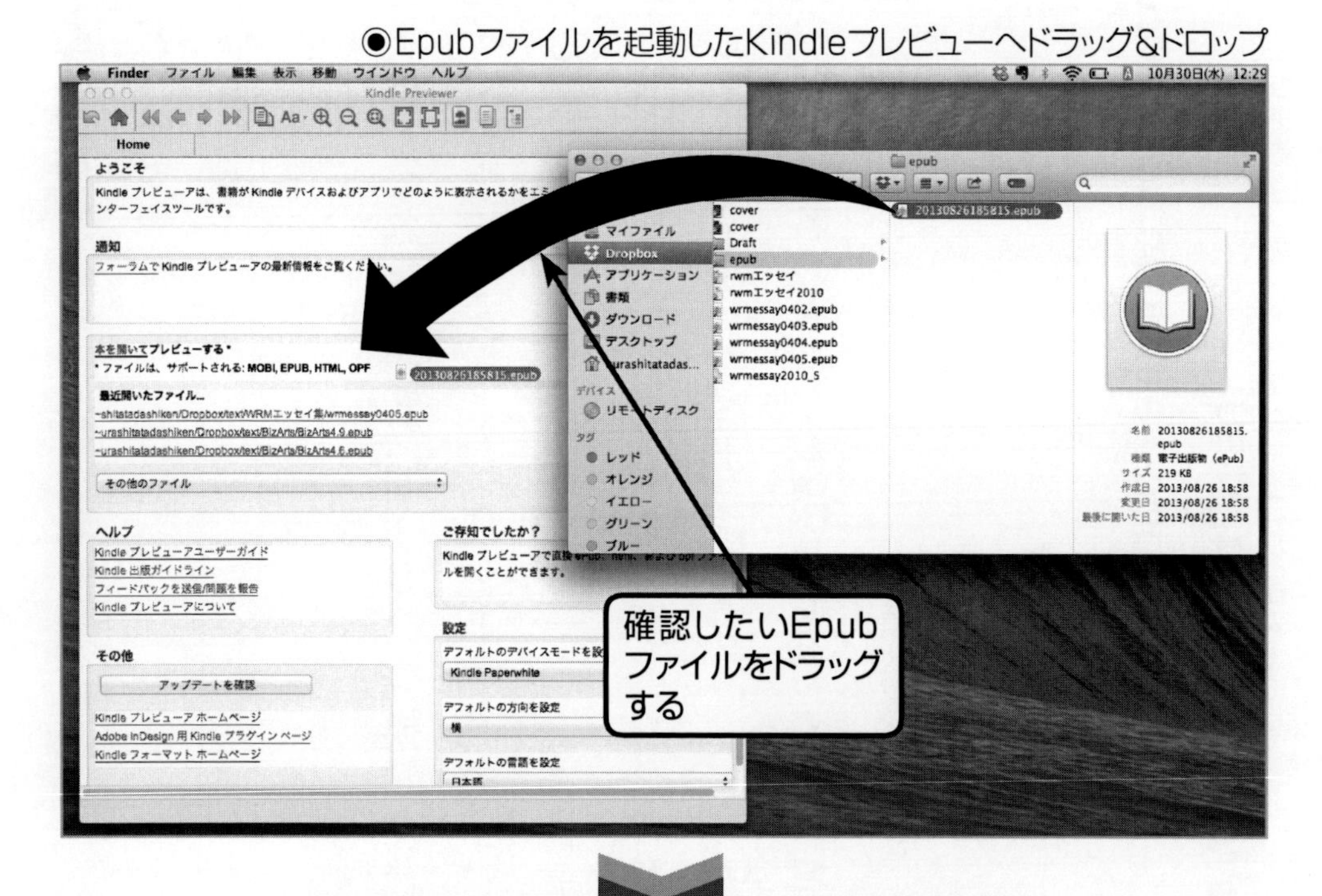

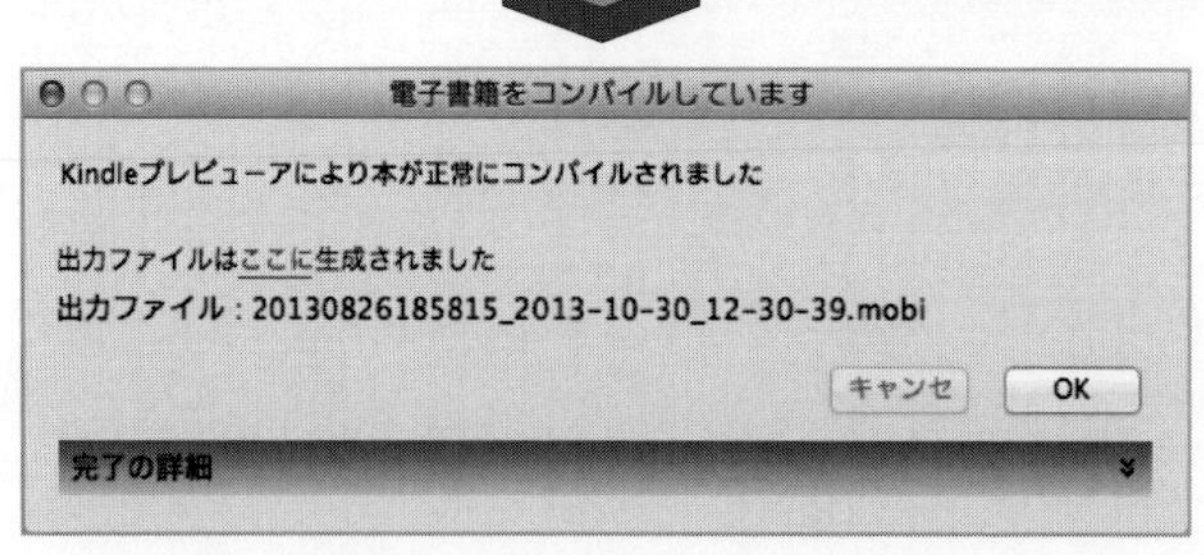

り、画像の見え方、目次のリンクが機能しているか、といった部分を確認しましょう。

ちなみにこの「Kindleプレビューツール」を使うと、EpubファイルをMOBIファイルに変換してくれます。もし、Kindleの端末をお持ちならば、そのファイルを転送して実機でプレビューすることも可能です。

また、この作業を飛ばしても、ファイルをアップ

◉Kindle Paperwhiteでの表示確認

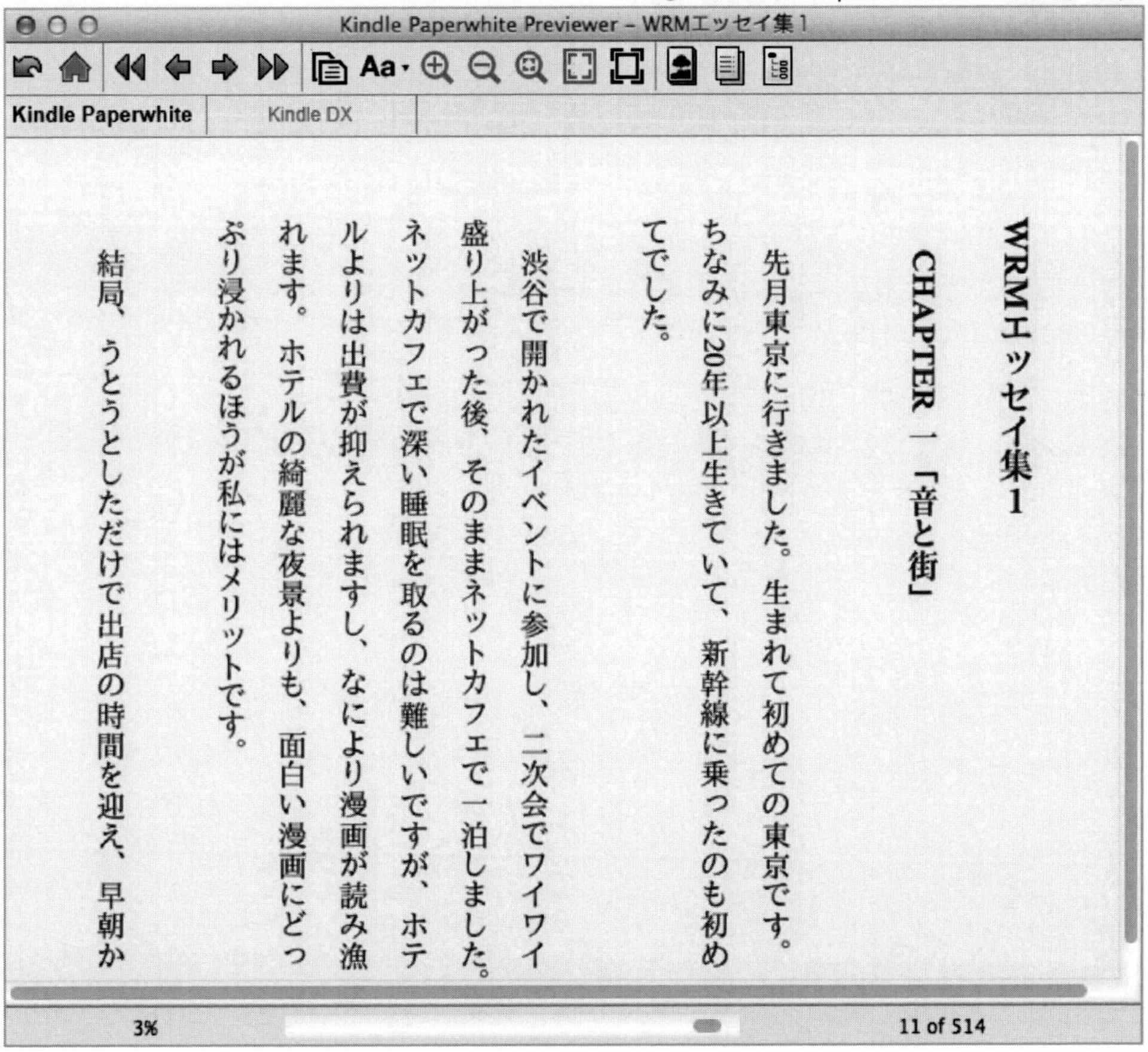

ロードする際に同様のプレビューをウェブサイト上で行うことができます。これは第2章でも紹介しました。

ただし、確認してミスが見つかった場合、修正してからまたファイルをアップロードし直す必要があるので、こちらは最終確認として使った方がよいかもしれません。

販売前の最終確認を終えて本を登録したら、しばらく後にKindleストアに自分の本が並びます。できれば、自分でそれを購入してみて、動作チェックをしてみましょう。ここまでくるともはや「プレビュー」とは呼べませんが、実際の「本」のチェックは重要です。

プレビューツールで表示されるのは、実際の「本」とほとんど同じ画面でしかありません。つまり、完全に同じではないのです。細かい部分も含めて、「本」の出来映えを確認し、問題があれば原稿やファイルを修正しましょう。

ちなみにWordファイルを直接、アップロードする場合は、「Kindleプレビューツール」が使えませんので、プレビューを実施できるタイミングがファイルのアップロード時と販売後だけになります。もし、アップロード前にプレビューを行いたいのなら、WordファイルではなくHTMLファイルで保存し、同じように「Kindleプレビューツール」を使えばよいでしょう。

作成の次なる一歩へ

原稿を作り、画像を準備し、ファイルを作成し、それをプレビューし、エラーがないことが確認できたら、後は完成したファイルをAmazonの「本棚」に並べるだけです。

その際は、ファイルをアップロードするだけでなく、書誌データを入力も必要になります。タイトル、価格、作者、その他もろもろの本に関する情報です。

この工程は、もはや「制作」ではなく、「マーケティング」の領域に入っています。それについては次章で見ていきましょう。

Epubファイルの動作確認

変換ツールを使えば、たいてい問題ないEpubファイルが作成できます。しかし、自分でゼロから作成すると、Epubの「作法」から外れてしまうことがあります。その場合、表示が少しずれる、といった事態ではなく、まったく何ひとつ表示されないなんて事態にもなりかねません。

Epubの「作法」通りになっているかの確認も、一種の「校正」といえるでしょう。この確認は、「epubcheck」で行えます。無料で公開されているので、ダウンロードすればすぐに使えるツールなのですが、いかんせんコマンドラインから起動するツールなので、慣れていない人はお手上げです。

▶**epubcheck**
http://code.google.com/p/epubcheck/

そういう場合はウェブサービスのチェックツールを使ってみるとよいでしょう。ファイルをアップロードすれば、問題点を指摘してくれます。

▶**Validator**
http://validator.idpf.org/

▶**Mebooks**
http://mebooks.co.nz/epubcheck/

Epubのエラーについては、専門書を参照してもらうのが一番ですが、次のウェブページでいくつか日本語での説明がなされています。EPUBを細かく作り込んでいく場合は、こうした知識も仕入れておくとよいでしょう。

▶**EpubCheck エラーメッセージ一覧日本語訳(でんでんプロジェクト)**
http://lostandfound.github.io/epubcheckmsg-ja/

第5章

本の価値を広げる マーケティング戦略

マーケティングとは何か

「本作り」の最終工程

本の中身が完成したら、次はその本を販売するための作業に移りましょう。この工程が、本書で紹介する「本作り」の最終工程です。

本を販売するための活動は、一般的に「マーケティング」とくくられています。マーケティングの定義は一様ではありませんが、市場に関する活動なら何であれ、ここに含めて問題はないでしょう。すでに存在する市場への周知から、新しい市場の構築まで、多様な活動がマーケティングになり得ます。本書においても、最も広い意味でマーケティングという言葉を使います。

実際に行う作業としては、「いかに本を知ってもらうか」と「どうやって買ってもらうか」の2つのポイントに絞れるでしょう。これらは短期で終わるものもあれば、時間がかかる活動もあります。

ではなぜ、そうした活動が必要なのでしょうか。

少しイメージしてみてください。あなたは本の買い手です。

Amazonで本を発見しました。しかし、評価は1つもなく、ランキングの順位すらありません。タイトルは曖昧で、内容紹介を読んでもどんな本なのかまったく理解できません。そういう本を「買いたい」と思うでしょうか。「読んでみたい」と思うでしょうか。どうも可能性は低そうです。

マーケティングの役割の1つは、その「買いたい」という気持ちを盛り上げ、後押しすることです。なにせ物品の販売と違って、押しつけるように売ることはできませ

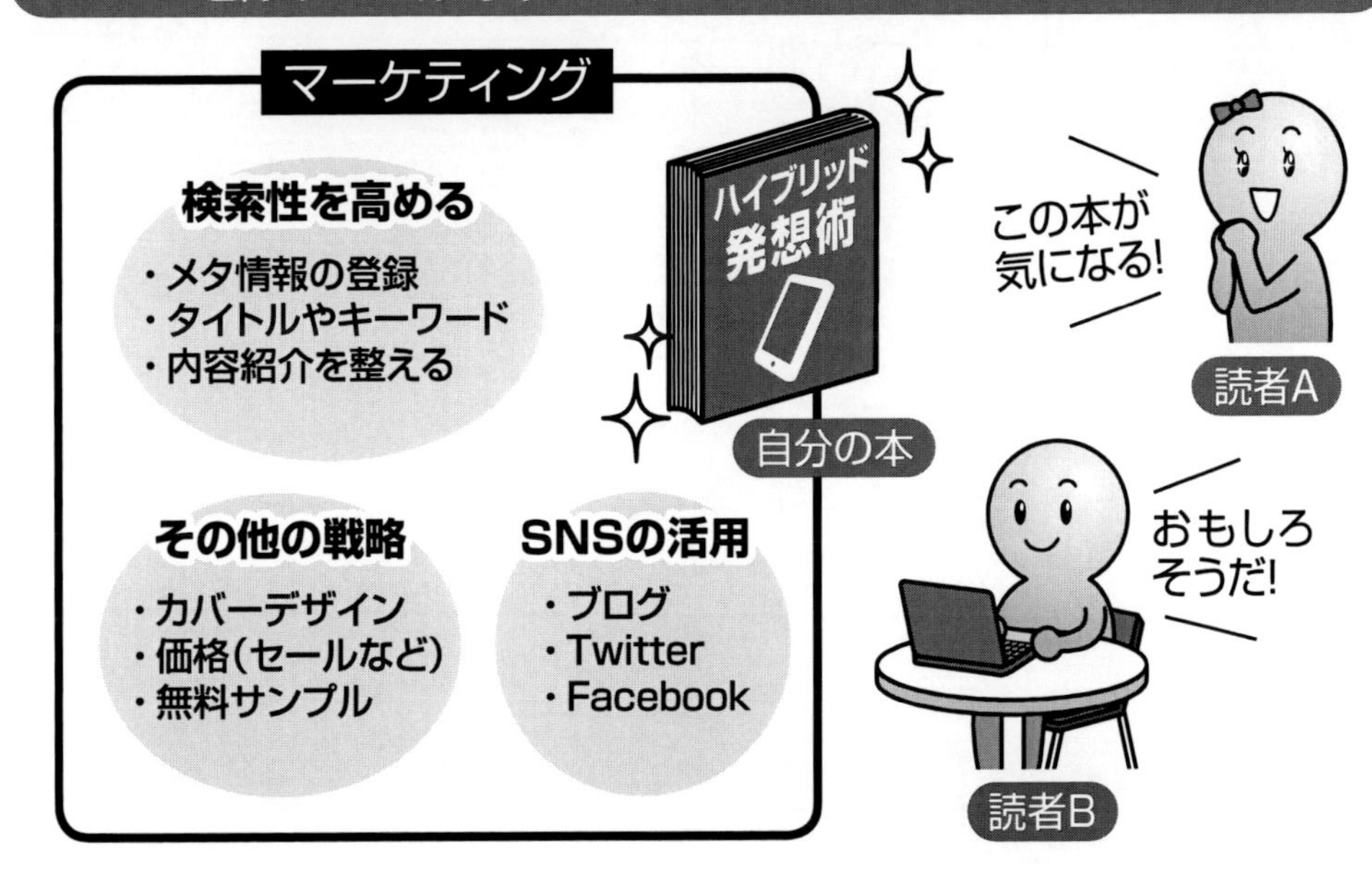

ん。工夫ある情報の提示で、自発的に買いたいと思ってもらう必要があります。

さらにいえば、その前の導入として、本を見つけてもらうための工夫も必要です。これもマーケティングの役割です。

売り上げを「作る」ということ

第2章でも紹介したように、作っただけで本が売れるわけではありません。お金を払ってもらうハードルというのは案外高いものです。

さらにいえば、良い本だからといって必ず売れるわけでもありません。誰もいない森で木が倒れたら音はするのか、という面白い哲学的論考がありますが、誰の評価も受けていない本は、それが「良い本」であると認知されることはないのです。誰かが実際に読んで面白いという感想を与えてくれることで、初めて「良い本」の評価が生まれてきます。そのためには、最初の読者に向けてあなた自身が「これは良い本です」とアピールし、何とかして最初の1冊を手に取ってもらう必要があります。それもまたマーケティングです。

マーケティングをまったく無視して、販売数を獲得するのは難しいでしょう。少なくとも、「たまたま」売れるのを期待するのは虫が良すぎるか、運任せの度合いが大きすぎます。

電子書籍のストアに並んでいるだけでは、なかなか売れません。もともと紙の本でも、販売数を作るのは難しいのです。まず書店に陳列してもらう必要がありますし、その上で読者に手にとってもらう必要があります。仮に陳列してもらえたとしても、それが目立たない場所であれば、売り上げは期待できません。時間がたてば、別の新刊が入荷され、少しでも売り上げが悪い本は返品の対象になってしまいます。書店から撤去されてしまえば、重要な販路の1つを失うことになるわけで、販売数の期待は大きくしぼんでしまうでしょう。紙の本の売り上げ作りも、必死の競争なのです。

電子書籍では返品の心配はありませんが、時間がたつほどライバル商品が増えていきます。そもそも、スタートした時点で、すべての商品がフラットに「陳列」されている、ある意味で自由競争の売り場なのです。

そんな環境の中で、ぼけーっと本が売れるのを待っていても、売り上げが作れるはずがありません。本の中身を作ることに加えて、売るための活動も必要になってきます。

紙の本では、編集者がその仕事の大部分を担ってきました。フレデリック・ルヴィロワが著した『ベストセラーの世界史』（太田出版刊）では、編集者が「ベストセラー」を作ってきたさまざまな手法が紹介されていますが、セルフ・パブリッシングでは、それを自分でやるわけです。

本の売れ行きはマーケティングで上昇します。というか、上昇させるのがマーケティングの役割です。

では、マーケティング活動に注力すれば、良い本作りは意識しなくてもよいのでしょうか。長期的な視点で見れば、決してそんなことはありません。良い本を作れるのならば、その本が売れる可能性は高まります。しかし、それだけでは売ることにはなかなか結び付かないことは理解しておいてください。

マーケティングのスタート

「売り方」の考え方

同じ「本」を販売するわけですから、紙の本のマーケティング手段がそのまま通用するものもあります。しかし、媒体の違いからまったく通用しないものもあります。たとえば、電子書籍には「実物」と呼べるものがありません。なので、「この本を買ってください」と歩き回って売ることは不可能です。書店に陳列されるわけではないので、美しいＰＯＰ(Point of purchase)広告を付けることもできません。電子書籍をアピールしたければ別の手段を用いる必要があります。

マーケティングを行う場合、商品やマーケットの特性を考慮しなければなりません。その上で、適切な「売り方」を考えていくのです。

では、実際に何をすればよいのでしょうか。

まず「本」を買う、という行動を改めて確認してみましょう。つまり、電子書籍を買う人の動き方・考え方を具体的にイメージするのです。どのようにして人は本の情報を知り、買う決断をするのか。そのイメージを土台にして、いかに本の情報を知ってもらうのか、買う決断をしてもらうのかを考えていきます。買い手の動線をイメージし、それをデザインする。つまり、動線から導線を作り出す。それが本章で紹介するマーケティング活動のコアとなる要素です。

それさえ捉えておけば、マーケティングの軸はぶれません。本章でもいくつかの方法を紹介しますが、それらもあくまでやり方の1つであり、絶対的で未来永劫使えるものではありません。状況に応じて変化させる必要もあります。そのとき、買い手のイメージさえ捕まえられていれば、的外れなマーケティングになることはないでしょう。

人が本を買うパターン

一般的に購入者が物を買う場合、何かの必要性が生まれ、それについての情報を集めてから、買うかどうかの判断を下す、というプロセスが想定されます。たとえば本の場合であれば、Epubについて勉強しようと思い立ち、書店でEpub関係の本をパラパラとチェックして、価格と内容を比較してから、どれを買うか(あるいは買わないか)を決める、というわけです。買う本を選ぶ際、すでにEpubの知識を持っている人に判断を仰ぐ、という場合もあるでしょう。

あるいは、テレビや雑誌で紹介されていたり、書店をブラブラと歩き回っていて目にした本が欲しくなる、なんてこともあります。

さらに本の場合は少し特殊で、買うことが先に決まっていて、本の情報が後から入ってくる場合もあります。お気に入りの作家の新作は絶対買う、という場合がそうです。

電子書籍の場合でも、こうした購入のパターンが大きく変わることはありません。まずは、自分がどうやって本を買っているのか確認してみましょう。可能であれば、他の人に本を買い方を尋ねてみるのも一手です。そうして購入のパターンを理解し、その上でマーケティングを設計していきます。

意識したい三要素

電子書籍マーケットの傾向と対策

電子書籍を購入する読者の動線をイメージした場合、押さえておきたい要素が3つ出てきます。

- 被検索性を高める
- 複数のルートを持つ
- 信頼感を獲得する

「被検索性を高める」とは、Amazonのサイトで検索されたときに、自分の本が表示されるようにすることです。ウェブサイトの運営でSEO(Search Engine Optimization)と呼ばれている行為に近いかもしれません。ブロガーの方ならば得意な分野でしょう。といっても、特に難しい技術を駆使する必要はありません。タイトルやキーワードなど、本に関するメタ情報をしっかり入力するだけです。ちょうど前章の最後に残しておいた部分ですね。これらを手抜きしてしまうと、「こういう本が読みたい」と思っている人に、自分の本を提案することができません。

タイトルの付け方は、紙の本においても重要ですが、タイトルを含んだメタ情報の整備は、検索が主要な発見ルートである電子書籍においては必須の行動です。

「複数のルートを持つ」とは、直接的な検索以外からでも、自分の本にアクセスされるルートを持つことです。たとえば、Amazon以外での露出を高めるのがそれにあたるでしょう。自分のブログで本を紹介したり、TwitterやFacebookを使って告知するわけです。その際、単に宣伝するだけでなく、Amazonページへのリンクも加えておくことが必要です。そのリンクが、本の販売ページへのルートとして機能してくれます。

あるいは書評ブログや、電子書籍を紹介しているブログに取り上げてもらうのも、ルートを増やすことにつながるでしょう。

最後の「信頼感を獲得する」は、一番難しい要素であり、一番強力な要素でもあります。最初の2つは、「いかに本を知ってもらうか」に属する行為でしたが、これは「どうやって買ってもらうか」に属するものです。もう少しいえば、「買おう」という気持ちを後押しする要素です。

たとえば、ランキングの上位に入れれば、それだけで買ってもらいやすくなることは想像に難くありません。また、事前に読者とのつながりがあれば、必死に説得しなくても、買ってもらいやすくなります。それは、お気に入りの作家の新作であれば無条件で買う、というのと同じことです。

こうした要素がまったくないと、「買う」という判断をしてもらうのは難しいかもしれません。特に、セルフ・パブリッシングで販売される本は、玉石混淆の比率がかなり石の方に偏っているので、「買おう」と思ってもらうためには何かしらの後押しや裏付けが必要になってきます。

これら3つの要素を軸にしてマーケティング戦略を考えていきましょう。多様な方法があるので、大きく3つにくくってみます。

- メタ情報を整える
- リンクを増やす
- コンテンツ・エコシステムの構築

以降で、それぞれ見ていきましょう。

夢のような売れ方

個人で作った電子書籍が、ひょんなことから有名ブログで取り上げられて、ランキングの上位に。ランキングの上位に入ったことで注目が集まり、ますます売り上げが加速。やがてマスメディアでも取り上げられるようになり、一時的なブームが生まれ、紙の本で出版オファーが……。

という夢のような話が実現する可能性はゼロではありません。本当にまれですが、近い話は実在しています。が、基本的には宝くじレベルの話と考えておいた方がよいでしょう。そこまで人気が出る本は滅多にありません。夢は夢として、確実にできることを積み重ねていくのが賢明です。

本のメタ情報を整備する

検索にひっかかるタイトルにする

本のメタ情報にはタイトル、キーワード、カバー、そして価格といった要素があります。これらは自分の本を知ってもらうための手がかりにもなり、買うかどうかを判断するための情報にもなります。これを手抜きしてしまうと、売れる実力を持った本もなかなか売れません。丁寧に取り組んでいきましょう。

まずはタイトルについて。タイトルは、メタ情報の中でも一二を争う重要な要素であり、その希求力だけで販売数に大きな影響が出てきます。企画段階でも仮決めのタイトルがありましたが、それをもう一度、見直してみましょう。最終的に完成した原稿とタイトルはマッチしているでしょうか。書き進めていくうちに、章立てや構成が変わっているのならば、タイトルも考え直す必要があります。

また、検索にヒットする言葉が入っているのかどうかも重要です。たとえば、コンビニに関する本なのに、タイトルのどこにもコンビニという文字が入っていなかったらどうでしょうか。誰かが「コンビニ」という言葉で検索しても、この本が表示されることはありません。ごく当たり前の話のように思いますが、探す人がどういう言葉でその情報を探すのだろうかと考えることは販売数を上げるために見過ごせない要素です。

仮にコンビニという言葉があっても、『コンビニ店長について』とだけ書かれていたらどうでしょうか。このタイトルだけでは、具体的な内容まではわかりません。すると、本の詳細情報すら確認してもらえずスルーされてしまうこともあり得ます。

これが『新人コンビニ店長でもスムーズに店舗運営ができる5つの原則』であればどうでしょうか。やや過剰な気もしますが、さすがにどんな本であるかは一目瞭然です。その情報に興味を持っている人ならば、もう一歩踏み込んだ本の情報——たとえば内容紹介など——をチェックしてくれるでしょう。

経済学者の野口悠紀雄氏は『「超」説得法』（講談社刊）の中で、タイトルには「問題意識」か「答え」が示されているのがよいと書かれています。先ほどのタイトルならば、

「新人の店長はスムーズに店舗運営ができない」というのが問題意識です。「答え」を入れるパターンならば、たとえば、『連絡ノートでうまくいく！　コンビニ店長の店舗運営法』などが考えられるでしょう。

このようにタイトルは本の内容を読者に一瞬でアピールできる「看板」のような存在です。だからといって、行きすぎはよくありません。極端なタイトル付け、いわゆる羊頭狗肉なものは、当然のように読者にがっかりされ、信頼感の獲得にはつながりません。その本の売り上げには貢献するかもしれませんが、2冊、3冊と本作りをしていくのならばマイナスの影響しか生まないでしょう。

タイトルの付け方は、第一に内容がはっきり分かるものにすること。第二に過剰な煽り文句は避けること。この2つに気を付けておきましょう。

地球の密度を測る

タイトルの重要さの事例としてよく取り上げられるのがヘンリー・キャベンディッシュが書いた『地球の密度を測る』という論文。重力定数gを測定した実験結果を報告するための論文なのですが、いかにもキャッチーなタイトルです。著者の読んでもらいたいという気持ちが伝わってくるようです。良い論文であれば何もしなくても読んでもらえるだろう、という態度ではなかなかこんなタイトルは付けられません。

良い内容であるからこそ、読んでもらえるように良いタイトルを考えることが大切です。突飛、とまではいかなくても、人の興味・感心を惹き付けるネーミングを考えてみましょう。それがキャッチーであればあるほど、人気に火が付いたときに、より大きな広がりを見せてくれます。

また、常に身の回りの「問題」に意識を置いておくことも大切です。タイトルには「問題意識」か「答え」を提示するとよいわけですから、身の回りの「問題」はまさにコンテンツの種。タイトルを考えることは、そのまま企画を考えることにもつながります。

⚜タイトルを補完する本のメタ情報

タイトルに、検索する人が使いそうな言葉を入れようとしても、やはり限界というものがあります。たとえば、「コンビニ」を入れると「小売店」は入れにくいでしょう。思い付くすべての言葉をタイトルに混ぜ込むことはできません。

また、小説のようなコンテンツの場合、内容がはっきりわかるタイトルを付ければよい、というものでもありません。恋愛小説のタイトルすべてに「愛」とか「恋」という文字が入っていたら、さすがに興ざめです。

そういう場合は、メタ情報としてのキーワードをうまく使いましょう。

Amazonに本を登録する場合、7つまで「検索キーワード」を入力できます。ここに、検索に使われそうな言葉を入れておくわけです。たとえば「コンビニ、店長、店舗運営、小売店、スタッフ育成、マネジメント、マネージャー」といった感じです。

どんな言葉が検索キーワードに使われるのかイメージしにくい場合は、検索候補を探ってみましょう。Amazonのサイトで検索ボックスに何か言葉を入れると、続く言葉の提案が表示されます。

ここで提案されてるのは、最初に入力した言葉とよく一緒に検索されている言葉です。ということは、ここに含まれている言葉をキーワードに選択しておくと、検索される可能性が高まります。もちろん、まったく関係ないキーワードを入れても意味はありません。自分の本に関係するものをピックアップしましょう。

また、この手法はわりとよく知られているので、こうして選択したキーワードは競争相手が多くなる可能性があります。逆にニッチなキーワードを入れて、「このキーワードなら、自分の本だけが表示される」というポジションを目指してみるのもよいでしょう。どちらにせよ、この検索候補は情報として強

◉Amazonの検索ボックスでは続く言葉が提案される

力なので、使おうと思っている検索キーワードを入力し、どんな結果が出てくるのか一度、試しておくとよいでしょう。

検索キーワード以外にも、本のカテゴリーを２つ選択することができ、内容紹介は４０００文字までの文章を入力できます。これらも本を探している人が、自分が必要としている本なのかを判断する情報になります。きっちり入力しておきましょう。

もし何かしらの実績をお持ちなら、それも内容紹介に加えておきましょう。大仰なものでなくても構いません。コンビニ店長を10年務めた、１カ月のアクセス数が万を

◉カテゴリーはあらかじめ設定されているものから選択する

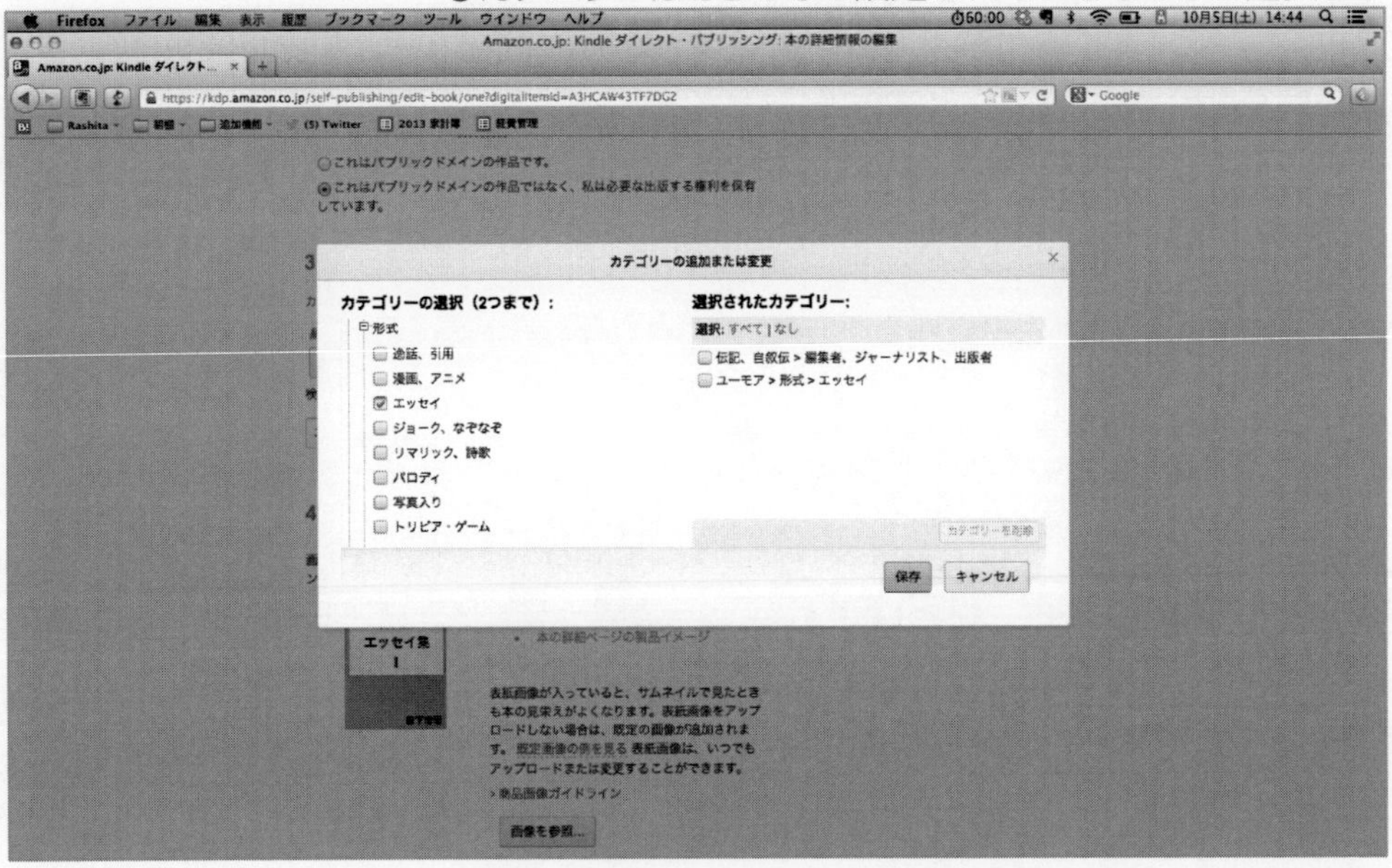

超えるブログを運営している、さんざんダイエットに失敗してきたが初めて成功した、など、「どんな人が書いたのか」という情報を加えておくのです。こうした情報は、本の信頼感を高める効果があります。

また、すでに信頼感を持っている人の力を「拝借」することもできます。もし、デザインや編集を外注したのならば、（同意をもらった上で）その人たちの名前も作者の項目に入れておきましょう。興味を持ってもらえるきっかけになり得ます。

価格を使ったマーケティング

「安さ」だけを売りにしてはいけない

マーケティング戦略としての価格はどうでしょうか。

一番わかりやすいのが「安さ」でアピールすることです。現状、Amazonで設定できる最低価格は99円（ロイヤリティ35％設定の場合）ですので、99円にしておけば差し当たって「他よりも高い」ということにはなりません。しかし、似たようなジャンルの他の本が99円を付けてしまえば、それだけ並んでしまいます。単純な安さだけをアピールポイントにしても競争力は生まれません。

そもそも「書籍」は、他の商品に比べると価格が気にされる度合いがそれほど高くありません。パソコンの入門書が2種類あったとき、「安いから」という理由で買う方を選ぶ人は少ないでしょう。中身をチェックして自分が読みやすい方を選択するはずです。もちろん、高すぎる本は敬遠されますが、1000円台の本が30円や50円違うぐらいで大幅に売り上げが下がってしまう、ということはないはずです。こうした現象を経済学では価格弾力性が小さい、などといったりもします。

もちろん電子書籍も、基本的には価格弾力性が小さい市場です。必要な情報があるから買うのであって、安い本だから買うわけではありません。比較的低価格な本が並ぶ電子書籍でも、200円～350円ぐらいの本は多く見かけますし、それらもきちんと売り上げを作っているようです。

とりあえず投げやりに「安くしておけば売れるだろう」と最低価格を付けるのは、マーケティング的に無策である、ということは理解しておいてください。

流動的に価格を動かす

が、それはそれとしてもともと付いている値段を一時的に下げる行為――いわゆる「セール」――はマーケティング的に大きな効果を期待できます。必要な情報が載っている本が、期間限定で値下げされていると、「今のうちに買っておこう」という気持ちが働きやすいものです。

日本では、基本的に紙の書籍のセールは行われませんが、電子書籍では頻繁に行われています。私も、そういうセールで「あ、この本、欲しかったんだよな」とついつい買いすぎた経験が何度もあります。もちろん安いからといって、興味がない本を買ったりはしません。しかし、買おうという気持ちを膨らませて、購入ボタンのクリックを促進してくれる効果は確かにあります。

何かのタイミングに合わせて価格を下げてアピールしたり、あるいはAmazonで設定できる「キャンペーン」を利用して無料キャンペーンを展開してみましょう。無料キャンペーンはもちろん売り上げには直接的な貢献はしませんが、「期間限定で、無料」という言葉に後押しされて購入してくれた人が気に入ってくれたのならば、そこに信頼感が生まれてきます。その人が他の人にお勧めしてくれたり、あるいは次の本に興味を持ってくれるのならば、長期的に見て充分なマーケティング効果があります。

ポイントは、価格を動的に捉えること。そして、長期的な視点を持つこと。この2つです。

見た目を利用したマーケティング

カバー画像を機能的に使う

本のメタ情報には、広い意味で「見た目」も加えることができます。残念ながら紙の本と違って電子書籍には「（物理的）サイズ」や「厚み」の要素はありません。その分、表紙カバーがとりわけ重要な要素になっています。

読みやすいタイトルにしたり、雰囲気を伝える画像を使用すれば、本の情報を端的に読者にアピールできることは第4章でも触れました。ここではもう少し機能的なカバー画像について紹介しましょう。

たとえば「連作」です。続き物の作品であれば、それらの表紙デザインを揃えておく。これで「同じ作品である」ということをアピールできます。これは紙の本でもよく使われていますね。

また、複数の入門書を作成するならば、それらの表紙デザインに何かしらの共通点を持たせておくのも印象付けるためには有効です。たとえば、大きめのロゴマークを入れておくといった方法です。もし、最初に読んだ入門書に好感を持ってもらえたなら、次に似た表紙を見かけたとき好感を持ってもらいやすくなります。

それをさらに拡張してシリーズ物の展開に表紙を使うこともできます。紙の本で一番わかりやすい例が「新書」です。本のサイズ、版組のスタイルなどが規格化され、企画についても共通の方向性があります。もちろん、本の表紙カバーも統一されています。そのカバーを見るだけで、本内容の方向性や雰囲気が買う人に伝わるのが特徴です。セルフ・パブリッシングの電子書籍についてもこの方法は大いに活用できます。

自分ひとりだけで展開するのではなく、セルフ・パブリッシングを行っている他の出版者を巻き込んで、同一のスタイルや表紙で作品を展開する。そうすると、1つの作品を気に入った人が、その他の作品についても興味を持ってくれるようになります。もちろん、それだけで買ってくれるわけではありませんが、チェックすらしてもらえない状態よりは、はるかにマシでしょう。

これは企画を含んだマーケティング戦略です。カバー画像はそれを代表するイメージとして機能してくれます。

構成でアピールする

「無料サンプル」を意識した構成

構成についても考えてみましょう。一見、メタ情報とは無縁のように思えますが、目次も立派なメタ情報の1つです。少なくとも、内容が分かりやすい目次であれば、買うか買わないかの判断材料として利用されるでしょう。

そうしたわかりやすい目次作りだけでなく、実は構成の「順番」にもマーケティング的な意味があります。

Amazonで販売されている電子書籍はたいてい「無料サンプル」を読むことができます。冒頭の何ページかを立ち読みのように閲覧できるのです。第2章で作成したエッセイ集は、1つ目のエッセイまで読むことができました。もし、冒頭部分に「はじめに」を書いていたら、そこがサンプル部分になったことでしょう。

すべての人がこの無料サンプルを読むわけではありませんが、気になる人はチェックするかもしれません。そのときに、ぐっと読者の心を惹き付ける内容であれば、買ってもらえる可能性が高まります。つまり、そういう要素を持った文章を頭の方に配置しておくことが効果的なわけです。

エッセイ集であれば、エッセイを1編読めるというのはサンプルとして最適です。実用書・技術書であれば、その本がどのような内容であるかをぎゅっと凝縮した「はじめに」を書いておくのがよいでしょう。小説であれば、ダラダラした冒頭ではなく、一気に世界に引き込むような部分を持ってくる、なんて方法が考えられます。

また、無料サンプルの拡張版として、上下巻の上巻だけ、あるいはシリーズものの1巻目だけを無料にしておく、というマーケティング戦略もあります。無料だからと手に取った人が、続きが気になってついつい続きも購入する、という導線を期待するのです。もちろん、最初の巻に続きを読ませるほどの魅力がなければ成立しない戦略ではあります。その意味でもコンテンツの質にこだわることには意味があります。

リンクによるマーケティング戦略

紹介してもらうアプローチ

続いてAmazon以外での露出を増やすマーケティング戦略に移りましょう。乱暴にいってしまえば、ウェブ上に、自分の本へのリンクが1つでも多く存在するように働きかける、ということです。

たとえば、500店舗の書店で本が販売されているのと、1000店舗で販売されているのとでは、やはり売り上げに対する期待度は変わってきます。ウェブ上でもそれは変わりません。

一番効果的なリンクの露出は、書評ブログに掲載してもらうことです。買う本の情報を探している人が読むブログですから、そこに取り上げられれば、マーケティング効果が存分に期待できます。しかし、そういったブログは頼めば何でも取り上げてくれるわけではありません。むしろ頼めば何でも紹介するようなブログであれば、信頼の置ける情報源として認知されていない可能性があります。だとすれば、マーケティング効果はさほど高くないでしょう。ここでも、信頼感は重要な意味を持っています。

一か八かで有名な書評ブロガーにメールでアプローチしてみるのも一手ですが、確率としてはさほど高くないことを理解しておきましょう。

もし、金銭的投資を惜しまないのならば、GoogleのAdwordsというクリック課金型の広告サービスを使う手もあります。Googleで検索したときに、それに連動した広告を見かけたことはないでしょうか。個人でも、あの広告を出すことが簡単できます。ただし、かけた費用に見合う売り上げが作れるかはまったく未知数なので、初めのうちは手を出さない方がよいかもしれません。ある程度の人気が出てきた本の勢いを付ける、という場合に検討してみてください。

⚜自力でリンクを植えていく

ウェブ上のリンクを増やす場合、自分で実施すれば確実かつスピーディーで、さらにいえば無料です。まずは、自力でリンクを増やすことに注力しましょう。簡単にいえば自分で告知するのです。

まず、お手軽なのが、SNSを使った告知です。TwitterかFacebookのどちらか(あるいは両方)のアカウントを作り、そこに自分の本へのリンクを含んだつぶやき(Facebookなら近況)を書き込みます。といっても、本の宣伝しかしないようなアカウントはまずフォローされません。本の告知以外の「何か」も必要です。その「何か」について詳細に解説することはここではできませんが、基本的には日常生活に関する情報で問題ありません。とりあえず宣伝しかしないアカウントはフォローされない、ということだけを肝に銘じておいてください。

また、自分の本を読んだ人がSNSで感想を書いてくれた場合、それらを積極的にリツイート(Facebookならシェア)していきましょう。それは信頼感を生み出すことにつながります。感想を見つけるときは、本のタイトルで検索かければ問題ありません。また、タイトルをGoogleで検索すれば、ブログなどに書かれた感想も見つけることができます。それらも発見したら、自分のツイートに流していきましょう。

SNSのアカウント以外にもう1つ持っておきたいのが、ブログです。

すでにブログを運営しており、一定数の読者が付いているのなら、それをまったく持っていない人に比べてマーケティング的に大きなリードを有していることになります。Amazonで「どこの馬の骨かもわからない人」の本を見つけても積極的に買いたい気持ちは湧かないでしょう。しかし、「いつも読んでいるブログの運営者」が書いた本であれば興味を持ってもらえる可能性が高まります。そういう差が、バカにできないほど大きいのです。

また、本を読んだ人が興味を持った際、自分のアカウントをフォローしやすいように、できるだけ本の中にプロフィールページを設け、ＳＮＳのアカウントやブログの情報を記載しておきましょう。

ブログが持つマーケティング的な効果は、もう少し広がりを持っているので、別項でまとめて取り上げてみます。

コラム

実物リンクとしての名刺

電子書籍は紙の本に比べて「実物」がない、という話題がさんざん出てきました。紛れもない事実です。だから、自分の本を持ち歩いて売ることはできません。

しかし、代案はあります。

それはプリントした紙を束にして1冊の本にする、のではなく、自分の名刺を作るのです。仕事用の名刺ではなく、かっこよくいえば「作家用」の名刺を作り、そこに本のタイトルを記載するのです。Amazonのページリンクを二次元バーコードにして載せておく方法もあるでしょう。著作が増えてきたら、それらをまとめたブログのページか、Amazonの著者ページ(これも簡単に作れます)のリンクにすることもできます。

自作の名刺も、低価格で作成できるサービスがたくさんありますので、それほど高リスクな「投資」にはなりません。

これも広い意味で、「リンクを増やす」行為といえるでしょう。

プラットフォームを活用したマーケティング戦略

ブログをプラットフォームにする

ブログを使ったマーケティング戦略は、セルフ・パブリッシングでは欠かせません。手法は多様であり、低リスクかつ実効性が高いという夢のような戦略が展開できます。唯一の欠点は、面倒なこと。時間と労力がかかるのです。

しかし、現実世界で何かしらの知名度を得ようと思っても、それを実行することすらできません。まさか全国行脚するわけにはいかないでしょう。その点、ウェブ上であれば、全国に向けて発信できます。私も京都の片田舎に住んでいますが、全国の読者さんとつながりを持っています。そんなことが気楽にできるのはウェブ上だけです。個人が本を売っていくために、この力を活用しない手はありません。

まず、何でもよいので、ウェブ上に自分の居場所を持ちましょう。言い換えれば、ウェブ上にホームベースを作るのです。それがマーケティングのスタート地点になり、やがて中心的なプラットフォームへと変化していきます。

自分のブログを持つことの第一の効果は、先ほども紹介した通り「自分でリンクを増やせること」です。最初の1冊を買ってもらうためには、まず知ってもらう必要があるわけで、自分自身でその告知ができるのは大きな強みになります。いってみれば、ミニ書店を持つようなものです。そこでは新刊の告知だけでなく、無料セールの実施や、値段を下げた場合の告知も行えます。

また、著者についての詳しい情報もブログ上で提供できます。たとえば、プロフィールページを作り、そこに実績を列挙してくのです。仮にそういうことをしなくても、定期的にコンテンツを更新しているブログの運営主は、まったく知らない著者よりも信頼されやすいでしょう。

ここまでは単純にブログを運営しているだけでも得られます。次にもう少し戦略的な試みも紹介しておきましょう。

コンテンツを使ったマーケティング

ブログの記事で「こういう本を発売しました」と告知するのも有効ですが、もう少し違った情報を展開することもできます。たとえば、その本をどんな思いを込めて作ったのか、どういう点に工夫したのか、そういうことを書くわけです。それは記事としても面白いものになるでしょうし、単純な広告効果もあります。

チップ・ハースとダン・ハースの共著『アイデアのちから』（日経ＢＰ社刊）では、成功するアイデアの特徴を次の６つの要素（頭文字を取ってSUCCES）にまとめています。

❶単純明快である（Simple）
❷意外性がある（Unexpected）
❸具体的である（Concrete）
❹信頼性がある（Credentialed）
❺感情に訴える（Emotional）
❻物語性がある（Story）

最後の要素に挙げられているのが「物語性」、つまりストーリーです。対象が何であれ、それが持つストーリーを語ることは、人の記憶にへばりつくために有効です。どんな風にしてその本が生まれたのか。その本にどんな期待をしているのか。そういう話は、機能（スペック）説明とはまったく違いますが、実はそういう要素の方が人の記憶に残りやすいものです。

ちなみに、「物語性」以外の要素もマーケティングに活用することができるので、この「SUCCES」はぜひ覚えておいてください。

ストーリーを語る手法の発展としては、本が完成してから告知するのではではなく、本作りのスタートからゴールまでをブログで紹介していく方法もあります。つまり、企画作りの段階から、制作の過程、販売登録などの出来事をリアルタイムの感覚で更新していくのです。もちろん、もらった感想や発生した反響を随時コンテンツにしていくこともできるでしょう。

告知のための記事を書くだけでなく、記事を更新していること自体を一種の告知にしてしまう。ブログであれば、そういうマーケティング戦略も実行できます。

「はじめに」を記事にする

コンテンツを使ったマーケティングの応用例では、本の一部をブログで公開してしまう方法があります。

先ほども紹介したように、Amazonには「無料サンプル」の機能があり、コンテンツの頭の部分は自動的に公開されてしまいます。すべてを秘匿して売り出すことはできません。であれば、むしろ「チラ見」できることを最大限活用した方がよいでしょう。

一度、サンプルファイルをダウンロードしないと読めない「無料サンプル」と違って、ブログであればブラウザからすぐさま閲覧ができます。さらに、どこからどこまでを公開するか、完全に自分でコントロール可能です。サンプルはブログで公開した方が効果的なのです。

一般的には「はじめに」を記事で公開するのがよいでしょう。小説であれば、冒頭部分がよいかもしれません。ある程度のボリュームがある本ならば、どこかの節をまるまる公開する手もあります。ともかく、できるだけ面白い部分を惜しげもなく公開してしまいましょう。もったいぶって面白くない部分を公開してしまっては、宣伝効果としてはむしろマイナスです。

もちろん、何をどのぐらい公開するのかは、コンテンツの性質によって大きく変わってきます。「儲かる投資の秘密を教えます」という本で、その秘密を開示してしまっては、本の売り上げはむしろ下に動くでしょう。いくら一番面白い点がそこだといっても、それを公開するのはマーケティング的に失策です。

サンプルの提示は、「面白そう。続きを読みたい」という気分を盛り上げるとともに、「こういう内容であれば買っても大丈夫」と信頼感を得るためのものでもあります。それらを踏まえて、サンプルを公開してみましょう。

批判との向き合い方

本を書く、あるいはブログで文章を公開するとなると、どうしても付きまとうのが「批判」です。読者との交流を意識するならば、なおさら避けては通れません。中には心浮き立つような嬉しい感想をもらえる場合もあるでしょうが、辛辣な意見が飛び込んでくることもあります。「耳が痛い」という慣用句は実によくできていて、実際に心理的ダメージを負うことも珍しくありません。

が、それはそういうものです。100人の人間がいれば、100人の受け取り方があります。あなたが良いと思ったものが、他のすべての人に良いと思ってもらえるものではないのです。もし、すべての人に良いと思ってもらおうとしたら、「どうでも良い」ものしか作れないでしょう。

ベースとしてまず、自分が良いと思えるものを作ること。その上で、どんな意見や感想もあり得る、という心構えを持っておくこと。この2つを意識しておくとよいでしょう。

コンテンツ・エコシステムを構築する

コンテンツ・エコシステム

ブログを使ったマーケティングをさらに進めると、本作りの全体像にも変化が生まれてきます。それがコンテンツ・エコシステムの確立です。

たとえば、ブログで記事を連載し、それを後でまとめて「本」にする。こういうやり方は、記事の連載自体が1つのマーケティング効果を持ち、さらにコンテンツ作りにもなっています。「記事を書くこと」に二重の意味合いがあるのです。また、本を発売した後は、もらった感想を記事で紹介できますし、その感想は次の企画作りに活かせます。ここでもマーケティングとコンテンツ作りに境目がありません。多重的な効果があるのです。

ブログというプラットフォームを中心にして、そこに本の素材を投下していく。素材が集まったらそれを「本」にして発売し、その告知をブログで行う。もらった反響をブログの記事にしつつ、それを次なる企画の糧にする。こうして本の素材作りとマーケティング要素をグルグル回していくのが、コンテンツ・エコシステムです。

そこでは1つの行為が2つ以上の意味を持っているので、コンテンツ・メイキングとマーケティングを別々に行うよりも、はるかに効率よい展開が可能です。しかし、それだけではありません。

第3章で「コツコツ書くのがよい」という文章書きのコツを紹介しました。しかし、自分自身にそれを課すのはそう簡単なことではありません。いや、「課す」のは簡単かもしれませんが、その通りに実行するのが難しいのです。自分との約束ほど破りやすいものはありません。

しかし、それをブログの記事として「連載」した場合はどうでしょうか。自分自身だけではなく、それを期待してくれる読者も、その約束に関わってきます。もちろん、それだけでコツコツ書き続けられるとは限りませんが、可能性はずいぶんと高まることでしょう。こうしてコミットメントを自分だけでなく、読者に開くことで、よくいわれる「締め切り効果」を発生させることができます。これは本作りにおいて、見逃されがちでありながらもクリティカルな要素です。監視してくれる編集者を持たないセルフ・パブリッシングならなおさらでしょう。

定期的なコンテンツ配信は本作りを促進させる効果があります。そして、その過程もマーケティングの要素を持ち得るのです。

もし、本の内容にあたるものをパブリックな場に公開したくなければ、メルマガを使って似たようなことが可能です。ただし、メルマガの場合、ブログより読者を集めるのが難しいので思うようにはいかないかもしれません。結局、ブログで知名度を得てからメルマガを始める、という流れの方が現実的です。

新しい書き方・新しい編集

内容を「公開」しながら、執筆を進めていくスタイルは紙の本にも存在しています。たとえば、新聞連載の小説がそうです。その意味では、別段、珍しくないように感じるかもしれません。

しかし、ブログ（あるいはメルマガ）を使った、連載の場合はリアルタイムなフィードバックがもらえるのが1つの特徴です。しかも、読者から直接、感想をもらえるのです。これによって、構成のバランスや物語の展開が変わることもあるでしょう。私も、自分のメルマガで小説を書いていますが、読者からの意見で話の展開が事前の想定と変わった経験があります。そして、その方が面白くなったのです。

こうしたフィードバックを活用すると、完璧に出来上がってから感想をもらうのとは、少し違ったプロセスの進め方になるでしょう。むしろこれは、別の視点から眺めれば、読者を巻き込んだ新しい形の「編集」といえるかもしれません。プロの編集者にコンテンツをレビューしてもらうのではなく、多様な素人レビューアに参加してもらい、コンテンツの質を高めていくのです。

ここでポイントになるのが「多様性」です。最近では、ウェブを使って多くの人の智恵を集める「共有知」が話題によく上ります。確かに、分野によってはそれがうまく働くところもあるでしょう。しかし、その場合でも参加者に多様性があることが必要です。多様性がなければ、それは共有知ではなく単に「多くの意見」にすぎません。

プロではない人にレビューをしてもらう場合、たとえば自分の家族だけに読んでもらうだけでは不充分です。年齢や職業といったものが異なった人々にフィードバックをもらうことが肝要です。ブログやメルマガといった媒体は、まさにそれに適したツールといえるでしょう。

また、このフィードバックは、企画の選択にも活用できます。もし、企画候補が複数あるのならば、直感でそれを決めてしまう前に、それらの「さわり」を簡単な記事にしてブログで公開するのです。そうすれば、それぞれの記事についての反響を確かめられますし、反響が大きかったものは、潜在的な人気の可能性を持っていると推定できるでしょう。有力な候補が見つかったわけです。

こうしたアプローチは「プロトタイプ・シンキング」と呼ばれていて、難しい意志決定を行う際の有効な手法として注目されています。リスクの大きい決定を行う前に、小さく始めてみて感触を確かめるのです。ジム・コリンズとモートン・ハンセンの著書『ビジョナリーカンパニー4』（日経BP社）の中でも、企業活動において同じようなアプローチが有効だと紹介されています。また、先ほど紹介したチップ・ハースとダン・ハースが著した『決定力』（早川書房）においても、こうしたアプローチの有用性が提唱されています。

ブログにおいて「さわり」を公開する。これはセルフ・パブリッシングにおける「プロトタイプ・シンキング」の実践として大変有効です。

このようにコンテンツ・エコシステムの中では、新しい書き方や新しい編集が生まれてくる可能性があります。うまく使えば、これまでの紙の本の書き方とは違ったスタイルの執筆プロセスを確立できるかもしれません。それは新しい本の書き方であるとともに、新しいマーケティングの方法も織り込んだものになるでしょう。

失ってはいけない部分

「良い本」から始まる信頼関係

いくつかのマーケティング戦略を紹介してきました。

本章で紹介した内容をすべて実施する必要はありませんが、何かしらの動きは必要です。何であれ実行すれば、本の売り上げを向上させられるでしょう。しかし、何度も書いている通り底辺にあるのは「本の質」です。頑張って宣伝して、せっかく買ってもらっても、内容にがっかりされてしまったら、次作以降への導線は生まれません。

もし、「この人なら間違いない」という信頼を獲得できたなら、それは本の成功であるとともに、マーケティングの成功でもあります。そこで生まれた信頼感は、次の作品だけではなく、過去に発売した作品にまで導線を広げてくれるでしょう。

たとえば、コンビニ店長向けの『なるほど！　コンビニ店長塾　初級編』という本を気に入ってくれた人ならば、『これこそ！　コンビニ店長塾　実践編』という2作目の本にも興味を持ってくれるはずです。あるいは過去に発売していた『これなら！　コンビニスタッフ講座　初日編』という本をスタッフに勧めてくれるかもしれません。

もちろん、これらの本は似通ったタイトルにするとともに、カバー画像も似た雰囲気にしておくことは本章でたびたび触れてきました。それによって「あっ、あの本と同じ著者か」と想起してもらいやすくするのです。当然、本の質が悪ければ、「あっ、あの本と同じ著者か。買わないでおこう」ということになってしまいます。マーケティング戦略が裏目に出るのです。

適当な内容を適当にばらまくのでは、読者との信頼関係は生まれてきません。「良い本」を作ることが、一番大切なことであり、必要なことです。

マーケティングの魔力に抗う

もしかしたら、100や200も本を作っていけば、適当な本でもそこそこの売り上げが作れるのかもしれません。手軽に本が作れるセルフ・パブリッシングなら、そういう「戦略」をとる人も出てくるでしょう。しかし、それは「本作り」ではありません。単に機械的な作業です。

もし、あなたが本書を「何でもいいから楽して儲けたい」と思って手に取ったのでない限り、何かを伝えたい、楽しませたい、驚かせたい、という気持ちをお持ちなのだと思います。それを失ってまで本を作ることにどれだけの意味があるでしょうか。マーケティングには不思議な力があります。それはまるで魔法のようです。効果的な宣伝ひとつで、これまで注目されていなかった作品が飛ぶように売れていく、なんてことが起こりえます。その力に魅せられると「売るためなら何でもいい」という気持ちになってしまうかもしれません。それはちょっと怖いことです。マーケティングで一時的に売れたからといって、それが「良い本」であるとは限りません。マーケティングは「良い本」でなくても売り上げを作ってしまう力があるのです。

そのマーケティングを頼りにしすぎてしまうと、徐々に「良い本」のことはどうでもよくなり、最初に持っていた気持ちも消え去っていきます。結果、売り上げの多寡だけが意識を占めるようになるのです。それでは「夢の本」にはたどり着けません。

ぜひとも、自分の「好きな本」を作る感覚は失わないでください。それを売れるようにするのがマーケティングの力であり、役割でもあります。

おわりに
――扉の向こうに見える風景――

Amazonが提供しているKDP（Kindleダイレクト・パブリッシング）を中心にしながら、電子書籍の作り方、そして「本の作り方」を紹介してきました。もちろん、本書に書いてあることがすべてではありません。やるべきこと、工夫すること、こだわることはまだまだあります。それでも、「よし、チャレンジしてみようか」と思ってもらえたなら、本書の役割は充分に果たしたといえます。

本を書いたからといって、ベストセラー作家になれるかどうかはわかりません。所詮は宝くじのようなものです。買わなければ当たらないけれども、買ったからといって当たるとは限らない。それでも、何かにチャレンジすることは、いつだって楽しいものです。それに、本を書く作業だけでなく、デザインやマーケティングなど、多様な分野を自分で行うセルフ・パブリッシングは、探求する対象が数限りなく存在します。良い本を作り、それを売ること。この追求には終わりがないかもしれません。ある種のライフワークです。

もちろん、セルフ・パブリッシングが持つ「収入を生み出す」機能も見過ごせません。不安定感が強まる社会では、収入を得るための手段は、複数あった方が安心できます。今風にいえばリスクヘッジです。その意味で、「本を書くこと」は、ライスワーク（糧を得るための仕事）ともいえます。

本を売ることで、大金を生み出すのは簡単ではありませんが、小さい積み重ねを増やしていくことは誰しもがチャレンジできます。本を作ること、誰かに何かを伝えることに興味があるならば、とりあえず試してみても損はないでしょう。本書で紹介してきたように、失敗のリスクについて心配する必要はありません。

何にせよセルフ・パブリッシングの世界は、誰しもがプレイヤーとして参加できます。そして、私もそのプレイヤーの1人です。

本書の中で「ものの試し」に作った1冊は当初まったく売れませんでした。たぶん売れないだろうなと思ってはいましたが、販売数がずっとゼロのまま、ぴくりとも動かないのを目の当たりにすると、さすがにショックを受けます。それでも、タイトルを変え、カバー画像を作り直し、ブログやTwitterで告知をすると数字に動きが出てきました。瞬間的ではありますが、ランキングの100位台まで顔を覗かせたこともあります。

とはいっても、ベストセラーにはまだまだ届きません。しかし、これを積み重ねていった先には、何か変化があるかもしれない。そう感じられるような結果は得られました。

私はこうして紙の本も書かせていただいています。その私の前にも、さまざまな可能性が広がっているのがセルフ・パブリッシングの世界です。どんな本を作ろうか。そう考えるだけでワクワクが止まりません。市場受けしないようなニッチなジャンルの作品も選択肢に加えられる。物書きにとってもチャレンジングな世界なのです。職業的物書きでない人にとっても、自分の持っているものを世界にぶつけられる大きなチャンスといえるでしょう。

もちろん、「この扉を開けて進みなさい」と強制することはできません。そんなことをしても、良い本が生まれるはずもありません。それに、楽しくないことは続けられないでしょう。自分自身で、その扉を開く必要があります。

「本」作りによって開いた扉の向こうには、どんな風景が広がっているでしょうか。きっと、ある種の人々にとっては、とてもワクワクする世界が広がっているはずです。

さて、

「あなたはどんな本を作りますか？」

◉参考文献と読書案内

本書を読んで関心を持った分野があれば、以降紹介する書籍を次のステップにしてください。

▼本の歴史と未来

・『そのとき本が生まれた』(アレッサンドロ・マルツォマーニョ著、清水由貴子翻訳、柏書房)
・『マニフェスト本の未来』(クレイグ・モド著、アンドリュー・サヴィカス著、ライザ・デイリー著、ローラ・ドーソン著、ヒュー・マクガイア編集、ブライアン・オレアリ編集、浅野紀予翻訳、高橋征義翻訳、秦隆司翻訳、宮家あゆみ翻訳、ボイジャー)
・『本の未来』(富田倫生著、アスキー)
・『ベストセラーの世界史』(フレデリック・ルヴィロワ著、大原宣久翻訳、三枝大修翻訳、太田出版)

▼新しい時代と情報

・『知的生産の技術』(梅棹忠夫著、岩波書店)
・『情報の文明学』(梅棹忠夫著、中央公論新社)
・『[英和対訳]決定版 ドラッカー名言集』(P・F・ドラッカー著、上田惇生編訳、ダイヤモンド社)
・『チェンジ・リーダーの条件』(P・F・ドラッカー著、上田惇生翻訳、ダイヤモンド社)

▼情報を生み出す

・『Evernoteとアナログノートによるハイブリッド発想術』（拙著、技術評論社）
・『情報デザイン入門』（渡辺保史著、平凡社）
・『ワープロ作文技術』（木村泉著、岩波書店）
・『数学文章作法 基礎編』（結城浩著、筑摩書房）
・『発想法』（川喜田二郎著、中央公論社）
・『「知」のソフトウェア』（立花隆著、講談社）

▼いかに伝えるか

・『プレゼンテーションZEN』（レイ・ガーノルズ著、ピアソン桐原）
・『アイデアのちから』（チップ・ハース著、ダン・ハース著、日経BP社）
・『「超」説得法』（野口悠紀雄著、講談社）
・『ファスト&スロー』（ダニエル・カーネマン著、早川書房）

▼SNS時代のマーケティング

・『ウェブはグループで進化する』（ポール・アダムス著、日経BP社）
・『Facebook×Twitterで実践するセルフブランディング』（拙著、ソシム）
・『ビジョナリー・カンパニー4 自分の意志で偉大になる』（ジム・コリンズ著、モートン・ハンセン著、牧野洋翻訳、日経BP社）
・『決定力』（チップ・ハース著、ダン・ハース著、早川書房）

■著者紹介

倉下　忠憲（くらした　ただのり）

1980年、京都生まれ。ブログ「R-style」「コンビニブログ」主宰。24時間仕事が動き続けているコンビニ業界で働きながら、マネジメントや効率よい仕事のやり方・時間管理・タスク管理についての研究を実地的に進める。現在はブログや有料メルマガを運営するフリーランスのライター兼コンビニアドバイザー。著書に『EVERNOTE「超」仕事術』『クラウド時代のハイブリッド手帳術』（共にC&R研究所刊）、『Facebook×Twitterで実践するセルフブランディング』（ソシム）などがある。TwitterのIDは"rashita2"。

●ブログ「R-style」
http://rashita.net/blog/

●ブログ「コンビニブログ」
http://rashita.jugem.jp/

■本書について

- 本書に記述されている製品名は、一般に各メーカーの商標または登録商標です。なお、本書では™、©、®は割愛しています。
- 本書は2013年11月現在の情報で記述されています。
- 本書は著者・編集者が実際に操作した結果を慎重に検討し、著述・編集しています。ただし、本書の記述内容に関わる運用結果にまつわるあらゆる損害・障害につきましては、責任を負いませんのであらかじめご了承ください。

編集担当：吉成明久 / カバーデザイン：秋田勘助（オフィス・エドモント） / 写真：ピクスタ

目にやさしい大活字
KDPではじめる セルフ・パブリッシング

2015年1月9日　初版発行

著　者　倉下忠憲
発行者　池田武人
発行所　株式会社　シーアンドアール研究所
本　社　新潟県新潟市北区西名目所4083-6（〒950-3122）
電話　025-259-4293　FAX　025-258-2801

ISBN978-4-86354-762-9 C3055